LaTeX zum Loslegen

Luzia Dietsche   Joachim Lammarsch

LaTeX zum Loslegen

Ein Soforthelfer für den Alltag

Springer-Verlag
Berlin Heidelberg GmbH

Luzia Dietsche
Joachim Lammarsch
Universitätsrechenzentrum
Im Neuenheimer Feld 293
69120 Heidelberg

ISBN 978-3-540-56545-1   ISBN 978-3-642-93539-8 (eBook)
DOI 10.1007/978-3-642-93539-8

Die Deutsche Bibliothek – CIP-Einheitsaufnahme.
Dietsche, Luzia: LATEX zum Loslegen: ein Soforthelfer für den Alltag / Luzia
Dietsche; Joachim Lammarsch. – Berlin; Heidelberg; New York; London; Paris;
Tokyo; Hong Kong; Barcelona; Budapest: Springer, 1994

NE: Lammarsch, Joachim:

Umschlaggestaltung: Konzept & Design, Ilvesheim
Satz: Mit TEX erstellte reproduktionsfertige Vorlage von den Autoren
SPIN 10086749   33/3140 – 5 4 3 2 1 0 – Gedruckt auf säurefreiem Papier

Vorwort

Es ist mittlerweile im Zeitalter der Computer immer üblicher,
daß Autoren ihre Artikel, Beiträge oder Bücher selbst mit einem
Textverarbeitungssystem erstellen und dem Verlag abliefern, daß
Studenten ihre Diplomarbeit mit Computer schreiben und auf
einem Laserdrucker ausgeben, daß geschäftliche Korrespondenz
und Dokumentation entweder von Angestellten oder Chefs selbst
geschrieben, gedruckt und gespeichert wird, daß Flugblätter, Ein-
ladungen oder Werbematerial zu Hause am PC erstellt und nicht
mehr zur Druckerei gegeben werden. Nun ist man aber mit den
meisten Textverarbeitungsprogrammen auf *einen* Rechnertyp festgelegt und auch die Anzahl der Ausgabegeräte ist oft limitiert. Das
ist mit dem hier beschriebenen System nicht der Fall.

Das Textsatzsystem TeX bzw. LaTeX existiert für alle gängi-
gen Betriebssysteme und die Ausgabe kann auf unzähligen Geräten
problemlos bewerkstelligt werden. Als zusätzliches Bonbon ist
die Eingabe eines Textes beliebig transportabel, da sie aus rei-
nem ASCII- bzw. EBCDIC-Code besteht. Alles, was Anwender benötigen, ist ein Computer mit Grafikbildschirm, ein Editor
nach eigenem Belieben und das Programm selbst. Danach sind
den Möglichkeiten (fast) keine Grenzen gesetzt.

Nun kann es nicht das Ziel eines solch kleinen Buches sein, das
komplette Anwendungsspektrum von LaTeX zu beschreiben. Dazu dürfte selbst ein mehrbändiges Werk nicht ausreichen. Aber es
ist durchaus möglich, Anfängern einen Einblick in die wichtigsten
Prinzipien und Befehle für das Arbeiten mit LaTeX zu vermitteln.
Dabei sollen auch diejenigen angesprochen werden, die bereits von
LaTeX gehört und vielleicht auch schon erste Versuche damit un-
ternommen haben, aber sich noch keine rechte Vorstellung davon
machen können, was wirklich alles möglich ist. Alle, die von dicken
Handbüchern als Einstieg in ein neues Programm abgeschreckt
werden, können mit diesem Buch einen einfachen Anfang finden.

Der Inhalt des Buches basiert ursprünglich auf einer Vorlesung, die wir regelmäßig vor den verschiedensten Hörerkreisen[1] (äußerst erfolgreich) abgehalten haben. Dabei hat es sich herauskristallisiert, daß aus didaktischen Gründen manche Großzügigkeit bei der Beschreibung in Kauf genommen werden muß. Da dieses Buch für einen ähnlichen Leserkreis gedacht ist, wurde diese Tatsache hier ebenfalls akzeptiert.

Um den Lesern bereits bei der Lektüre eine möglichst gute Vorstellung davon zu geben, was mit welchen Mitteln erreicht werden kann, wurden die aufgeführten Beispiele jeweils „eins-zu-eins" in Eingabe und Ausgabe gegenüber gestellt. Aufgrund des vorliegenden Layouts, das vom Verlag vorgegeben wurde, ist das an einigen wenigen Stellen nicht möglich gewesen, z.B. bei der Seitenaufteilung und den Überschriften. Die verwendeten Schriften sind aber tatsächlich die Originalschriften von LaTeX.

Luzia Dietsche
Joachim Lammarsch
Januar 1994

---

[1] Universitätsangehörige, Volkshochschule, Lehrerfortbildungen, Mitgliedern von DANTE e.V., ...

Inhalt

Umgebungen   33

Mathematiksatz   61

Längen und Zähler 101

Aufbau von Listen und Seiten 105

Mathematische Sonderzeichen 107

Index 113

Einleitung

Prof. Dr. Donald E. Knuth entwickelte vor über 10 Jahren ein Textsatzsystem, als er einen Band seiner Buchausgabe *The Art of Computerprogramming* neu herausgeben wollte. Dieses System nannte er TEX, nach dem griechischen Wortstamm $\tau\epsilon\chi$, den man mit Kunst, aber auch Technik übersetzen kann.

TEX ist ein Textsatzsystem für eine Ausgabe in Druckqualität, zu dem Leslie Lamport das Makropaket LATEX als Benutzeroberfläche entwickelte. LATEX erleichtert und vereinfacht die Handhabung des erheblich komplizierteren TEX.

Schreibt man ein Buch, ergibt sich folgender Ablauf: Der Autor übergibt dem Verleger sein maschinengeschriebenes Manuskript. Der Designer des Verlages entscheidet über das Layout (Länge einer Zeile, Schriftart, Abstände vor und nach Kapiteln usw.). Der Setzer erfaßt das Buch dann entsprechend den Anweisungen des Designers. Im übertragenen Sinne ist LATEX der Buchdesigner und TEX der Setzer.

LATEX arbeitet nach dem Prinzip der Textsortenauszeichnung. Für die Umsetzung der Anweisungen stehen diverse vorgegebene Layouts zur Verfügung. Man kann sich aber auch eigene Layouts erstellen bzw. die vorhandenen modifizieren.

Das Ergebnis eines LATEX-Durchlaufs, der `dvi`-File, kann auf nahezu allen Ausgabegeräten dargestellt werden (solange ein entsprechendes Treiber-Programm vorhanden ist) — angefangen bei jeder Art von Grafikbildschirm, über einfache Nadel-, Tintenstrahl- oder Laserdrucker bis hin zu Lichtsatzanlagen. Das Aussehen der Ausgabe ist überall gleich, zumindest was Zeilen- und Seitenaufteilung und Umbruch angeht. Die Auflösung ist natürlich unterschiedlich je nach Fähigkeit des Gerätes.

Was leistet LATEX nicht? LATEX ist kein *WYSIWYG*-System im landläufigen Sinn.[2] Man sieht also bei LATEX nicht gleich beim Schreiben, wie der Text aussieht, sondern muß in der Eingabe geeignete Steuerbefehle einfügen.

---

[2] *WYSIWYG* steht für *What You See Is What You Get.*

Was leistet LaTeX? LaTeX ist ein Programmpaket mit mehreren Layouts, die leicht abgeändert werden können. Man benötigt nur wenige verständliche Befehle, um einfache Texte zu entwerfen. Das Setzen von mathematischen Formeln wird besonders gut unterstützt. Auch komplexe Strukturen wie Fußnoten, Literaturangaben, Inhaltsverzeichnisse, Tabellen, ja sogar einfache Zeichnungen können ohne großen Aufwand erstellt werden.

Allgemeines

1.1   Die Syntax

1.1.1   Befehlsnamen und -argumente

Befehle werden eingeleitet durch einen Backslash (linker Schräg-
strich, \), unmittelbar gefolgt von einem oder mehreren Buchstaben. Sie enden vor dem ersten Zeichen, das kein Buchstabe ist
(Leerzeichen, Satzzeichen, etc.). Die Unterscheidung von Groß-
/Kleinschreibung ist bei der Verwendung von Befehlen wichtig.

Beispiel:

`\medskip`   oder   `\par`

Alternativ dazu gibt es die Möglichkeit, daß Befehle durch einen
Backslash eingeleitet werden, welchem ein „Nicht-Buchstabe" folgen muß.

Beispiel:

`\,`   oder   `\!`

Allgemein lautet die Syntax von Befehlen:

```
\anweisung[optionales arg.]{zwingendes arg.}
```

zwingendes arg.   steht immer in geschweiften Klammern
optionales arg.   steht immer in eckigen Klammern

Anweisungen können zwei Arten von Argumenten haben:

1. Zwingende, d.h. das Argument *muß* auf jeden Fall angegeben werden.

2. Optionale, d.h. das Argument kann wahlweise benutzt oder
   weggelassen werden.

Wird ein optionales Argument nicht benutzt, entfallen die eckigen Klammern ebenfalls. Hat ein Befehl weder ein optionales *noch* ein zwingendes Argument, entfallen beide Klammernpaare.

Die Anweisung `\rule[lift]{breite}{hoehe}` erzeugt z.B. ein ausgefülltes Rechteck der Breite `breite` mit der Höhe `hoehe`, das um `lift` gegenüber der Grundlinie verschoben ist. Setzt man bei dem Beispiel Werte ein, erhält man:

`\rule[1mm]{1mm}{3mm}` $\leadsto$

oder mit anderen Werten und ohne den optionalen Parameter:

`\rule{2mm}{2mm}` $\leadsto$

Da ein unmittelbar auf einen Befehl (ohne Argument) folgendes Leerzeichen als Endekennzeichnung für ihn dient, wird es zusammen mit der Abarbeitung dieses Befehls aus dem Text entfernt. Falls in der Ausgabe ein Leerzeichen zwischen der Anweisung und dem darauffolgenden Wort benötigt wird (z.B. bei der Anweisung `\LaTeX`, die das Logo LaTeX erzeugt), gibt es verschiedene Möglichkeiten, dies zu erreichen:

`\anweisung{}`	Abschluß des Befehlsnamens durch eine leere Gruppe
`{\anweisung}`	Einschluß des Befehlsnamens in eine Gruppe mittels Klammern
`\anweisung\␣`	ein explizites Leerzeichen fester Breite nach dem Befehlsnamen

Beispiel:

`\LaTeX␣text`	$\leadsto$	LaTeXtext
`\LaTeX{}␣text`	$\leadsto$	LaTeX text
`{\LaTeX}␣text`	$\leadsto$	LaTeX text
`\LaTeX\␣text`	$\leadsto$	LaTeX text

Wenn ein Befehl aus einem Backslash und einem „Nicht-Buchstaben" besteht, ist kein Leerzeichen als Endekennzeichnung erforderlich.

1.1.2 Umgebungen

Eine Umgebung bewirkt, daß der innerhalb von ihr stehende Text entsprechend ihrer Definition behandelt wird. Außerdem können innerhalb einer Umgebung bestimmte Bearbeitungsmerkmale geändert werden. Eine derartige Änderung wirkt jedoch nur bis zum

Ende der Umgebung. Eine Umgebung wird begonnen durch die Anweisung \begin{umgebung} und beendet mit \end{umgebung}, wobei umgebung jeweils durch den Namen der Umgebung ersetzt wird.

Beispiel:

```
vorangehender Text
\begin{quote}
  Eine Umgebung, die begonnen wurde, mu"s auch immer
  beendet werden!
\end{quote}
nachfolgender Text.
```

ergibt in der Ausgabe:

> Eine Umgebung, die begonnen wurde, muß auch immer beendet werden!

In einer Umgebung wird Text gegenüber dem vorangehenden und nachfolgenden Text gemäß der Definition der Umgebung abgehoben. Oft sorgen Umgebungen automatisch für Abstand zum vorangehenden und nachfolgenden Text. Die Umgebung quote rückt z.B. den Text links und rechts ein und erzeugt vor und nach der Umgebung einen größeren Abstand zum vorangehenden bzw. nachfolgenden Text, wie man am folgenden Absatz sehen kann.

> Die meisten Namen von Anweisungen können auch als Umgebungsnamen verwendet werden. In diesem Fall ist der Befehlsname ohne den vorrangehenden Backslash (\) als Umgebungsname zu benutzen.

Nach Beendigung der quote-Umgebung wird der nachfolgende Text wie zuvor ausgegeben.

Umgebungen können auch geschachtelt werden, sie dürfen sich aber nicht überlappen, d.h. Umgebung1 kann nicht innerhalb von Umgebung2 beendet werden:

```
\begin{Umgebung1}
    Text
        \begin{Umgebung2}
            Text
        \end{Umgebung2}
    Text
\end{Umgebung1}
```

1.1.3 Gruppen

Durch geschweifte Klammern ({}) können Texte zu Einheiten zusammengefaßt werden. Eine solche Einheit bezeichnen wir als Bereich oder als Gruppe. Innerhalb einer Gruppe können die Satzvorschriften geändert werden, bei ihrem Verlassen stellt LaTeX aber den vorherigen Zustand wieder her. Wenn z.B. mit {\em ...} eine Texthervorhebung eingeschaltet wurde, wird sie beim Verlassen der Gruppe automatisch wieder ausgeschaltet. Gruppen sollten nur für kurze Abschnitte verwendet werden, während Umgebungen auch für lange Sequenzen (mehrere Absätze) gedacht sind.

Beispiel:

```
Will man das {\em aktuelle} Datum haben, gibt es daf"ur
einen speziellen Befehl.
```

ergibt die folgende Ausgabe:

Will man das *aktuelle* Datum haben, gibt es dafür einen speziellen Befehl.

1.1.4 Kommentare

Das Zeichen % wird von LaTeX als Zeilenende aufgefaßt. Man kann also den Rest der Zeile für Kommentare benutzen.

Beispiel:

```
% Einleitung
Einleitend m"ochte ich feststellen, da"s im
folgenden von nichts Besonderem die Rede sein wird.
```

wird in der Ausgabe zu:

Einleitend möchte ich feststellen, daß im folgenden von nichts Besonderem die Rede sein wird.

Direkt an das letzte Zeichen der Zeile geschrieben, kann man das Anfügen des Leerzeichens, das ansonsten automatisch am Zeilenende von LaTeX vorgenommen wird, unterdrücken.

Die Eingabe:

```
Zweiundvierzig Jahre, t"aglich acht Stunden, das macht also
bereits vierhundertei%  ein besonders sch"ones wort aus momo
nundvierzigmillionenf"unfhundertviertausend.
```

erzeugt folgende Ausgabe, wobei der Teil nach dem Prozentzeichen nicht erscheint:

Zweiundvierzig Jahre, täglich acht Stunden, das macht also bereits vierhunderteinundvierzigmillionenfünfhundertviertausend.

1.2 Aufbau eines Dokumentes

1.2.1 Die Eingabe

Da LATEX das Formatieren erledigt, braucht man nur die Wörter
aneinanderzureihen. Ob man eines oder mehrere Leerzeichen einfügt, ist bei LATEX gleichgültig, d.h. *mehrere Leerzeichen* werden
wie *ein Leerzeichen* behandelt!

Außerdem sollte man beachten, daß bei der Eingabe am Ende jeder Zeile von LATEX ein Leerzeichen hinzugefügt wird. Am
Zeilenanfang werden Leerzeichen ignoriert. Das hat den Vorteil,
daß man seine Eingabe übersichtlich strukturieren kann.

Mehrere Leerzeilen in der Eingabe werden ebenso wie die
Leerzeichen auf *eine Leerzeile* reduziert! Die Konsequenz daraus
ist, daß man für größere Abstände in der Ausgabe, sowohl für
horizontale wie für vertikale, spezielle Befehle verwenden muß.

LATEX betrachtet beim Formatieren immer ganze Absätze.
Das Ende eines Absatzes kennzeichnet man durch eine Leerzeile
oder durch die Anweisung \par. Leerzeilen sind allerdings leichter
zu schreiben und machen die Eingabe übersichtlicher. Darum ist
es empfehlenswert, diese Methode zu verwenden.

Für LATEX ist das Ende eines

Wortes   ein Leerzeichen,
Satzes   ein Punkt oder ein sonstiges Satzendezeichen,
Absatzes   eine Leerzeile (oder der Befehl \par).

> *Wörter dürfen nicht getrennt werden, das macht LATEX*
> *selbst!*

An Zeichen, die direkt von der Tastatur aus verwendet werden
können, stehen zur Verfügung:

Buchstaben   a, b, ..., z, A, B, ..., Z
Ziffern   0, 1, ..., 9
Sonderzeichen   . : ; , ? ! ' ' + - = / * ( ) [ ] < > |

Es gibt außerdem Sonderzeichen mit Steuerfunktionen, die LATEX
in bzw. als Befehlszeichen erkennt. Diese Zeichen dürfen nicht ohne weiteres in der Eingabe verwendet werden:

    $ &   %   #   _   ^   {   }   ~   \   @

Das wichtigste Zeichen davon ist der Backslash (\). Benötigt man
die Zeichen

    $ &   %   #   _   ^   {   }   ~

im Text, wird dem Zeichen der Backslash vorangestellt, d.h. sie
werden geschrieben als

```
\$    \&    \%    \#    \_    \^    \{    \}    \~
```

Will man den Backslash selbst verwenden, wird er in der Eingabe
durch $\backslash$ dargestellt. Im Deutschen gibt es außerdem
noch Umlaute und das scharfe „s". Hat man das Makropaket für
die Anpassung an die deutsche Sprache eingebunden[1], werden diese Zeichen dargestellt durch

```
"a    "o    "u    "A    "O    "U    "s
```

1.2.2 Das Grundgerüst

Der erste Befehl in einer LaTeX-Eingabe muß der Befehl

```
\documentstyle{stil}
```

sein, wobei `stil` die Angabe des gewünschten `style`-Files erfor-
dert. Danach können weitere Definitionen folgen, die für das ge-
samte Schriftstück gelten sollen, also z.B. die Festlegung des Sei-
tenstils. Mit dem Befehl

```
\begin{document}
```

beginnt das Schriftstück. Die Eingabe wird mit dem Befehl

```
\end{document}
```

beendet. Diese drei Anweisungen *müssen*, alle folgenden *können*,
in einer Eingabe enthalten sein.

> *Falls nach dem Befehl* `\end{document}` *noch Einga-
> betext folgt, wird er von LaTeX ignoriert!*

Ein Minimal-Beispiel für eine LaTeX-Eingabe kann folgendermaßen
aussehen:

```
\documentstyle{report}
\begin{document}
   Das ist mein erster Versuch.
\end{document}
```

---

[1] Im Original stehen Umlaute nicht zur Verfügung und werden hier über \"a{}
usw. erzeugt, d.h. als Akzent geschrieben.

1.2.3 Der Dokumentstil

Zu Beginn des Eingabefiles muß das Layout mit der Anweisung

```
\documentstyle[optionen]{stil}
```

festgelegt werden. Damit wird das Aussehen des kompletten Dokumentes bestimmt. Dazu gehören Aspekte wie Schriftgröße, alle Arten von Maßen (Seitenhöhe und -breite), Art der Numerierung, etc. Als `stil` stehen dabei immer zur Verfügung:

book	für Bücher
report	für Projektstudien, Handbücher, etc.
article	für Aufsätze
letter	für Briefe

Als `optionen` gibt es unter anderem:

11pt	die Standardschriftgröße für das ganze Schriftstück ist 11pt (statt 10pt)
12pt	die Standardschriftgröße für das ganze Schriftstück ist 12pt (statt 10pt)
twoside	die Ausgabe wird für doppelseitigen Druck formatiert
twocolumn	die Ausgabe erfolgt zweispaltig

Und für in deutscher Sprache verfaßte Texte:

german	die Anpassung an die deutsche Sprache wird eingeschaltet

Beispiel:

```
\documentstyle[12pt,german]{report}
```

1.2.4 Der Seitenstil

Im Gegensatz dazu kann mit dem Seitenstil der grundsätzliche Aufbau einer Seite bestimmt werden, d.h. ob eine Kopfzeile, Fußzeile, o.ä. gewünscht wird. Die Syntax für die Auswahl des Seitenstiles lautet:

```
\pagestyle{stil}
```

Dieser Befehl ist jedoch unabhängig vom Dokumentstil. Wird er nicht verwendet, benutzt LaTeX eine Voreinstellung[2]. Für `stil` stehen hier folgende Angaben zur Verfügung:

---

[2] Im Allgemeinen sind alle Definitionen, die man treffen kann, aber nicht muß, bereits voreingestellt. Wenn die Voreinstellung nicht gefällt, kann man Änderungen vornehmen. Ansonsten ist die Standardeinstellung aktiv.

plain Der Seitenkopf ist leer, der Seitenfuß besteht aus einer zentrierten Seitennummer. Das ist das Standard-Seitenformat bei den Dokumentstilen **article** und **report**, wenn die Anweisung \pagestyle im Vorspann nicht angegeben wird.

empty Seitenkopf und -fuß bleiben leer, d.h. es wird auch keine Seitennummer ausgedruckt. Intern zählt LaTeX die Seitennummer allerdings weiter.

headings Der Seitenkopf enthält die Seitenzahl sowie die Überschriftsinformation, die durch den gewählten Dokumentationsstil bestimmt wird (im allgemeinen die augenblickliche Kapitel- und/oder Abschnittsüberschrift); der Seitenfuß bleibt leer. Das ist beim Dokumentstil **book** die Voreinstellung.

myheadings Der Benutzer bestimmt den Inhalt des Seitenkopfes. Die Information wird durch die Anweisungen

```
\markright{rechter Seitenkopf}
```

bzw.

```
\markboth{linker Seitenkopf}{rechter Seitenkopf}
```

festgelegt. Bei einseitiger Ausgabe (ohne die Option **twoside**) wird jede Seite als rechte Seite betrachtet. Die Seitenzahl wird immer im Seitenkopf an den Rand gesetzt. Der Seitenfuß bleibt leer.

Der Befehl \pagestyle kann sowohl vor als auch nach dem Befehl \begin{document} stehen. Steht er davor, so gilt die Angabe für das ganze Dokument, nach \begin{document} ab der Seite, an welcher die Anweisung steht.

Die Anweisung

```
\thispagestyle{stil}
```

entspricht dem Befehl \pagestyle mit der Ausnahme, daß er sich nur auf die laufende Seite bezieht. \thispagestyle{empty} bewirkt beispielsweise, daß der Seitenkopf und -fuß der laufenden Seite leer bleibt. Die unterdrückte Seitennummer wird jedoch für die Seitennumerierung der nachfolgenden Seiten mitgezählt.

1.2.5 Zeilen- und Seitenumbruch

LaTeX hat einen ausgezeichneten Trennalgorithmus. Trotzdem kann bei einem LaTeX-Programmdurchlauf die folgende Warnung erscheinen:

```
Overfull \hbox ...
```

Das heißt, daß LaTeX keine geeignete Stelle finden konnte, die in der Meldung genannte Zeile aufzubrechen. LaTeX *versucht* zwar zu trennen, *kann* aber nicht immer alle Wörter trennen. In jedem Fall unterläßt LaTeX das Trennen in kritischen Fällen und überläßt es den Anwendern, auf die entsprechende Warnung selbst zu reagieren. Dies kommt insbesondere dann vor, wenn in dem Wort Sonderzeichen wie z.B. der Backslash vorkommen. An dieser Stelle kann man LaTeX beim Trennen behilflich sein, indem man mit \- Trennstellen markiert.

Beispiel:

```
Zei\-len\-um\-bruch
Bun\-des\-post
Ab\-k"ur-\-zung
```

Benutzt man die Anweisung \-, wird aber nur noch an den markierten Stellen getrennt. Hat man als Dokumentstil-Option **german** angegeben, so kann man alternativ statt \- die Anweisung "- verwenden. Dabei bleibt die automatische Silbentrennung im Rest des Wortes erhalten. Es wird prinzipiell kein Wort getrennt, das Nicht-Buchstaben, d.h. Zahlen, Sonderzeichen, etc., enthält.

Will man nicht jedesmal, wenn ein Wort falsch getrennt wird, die Trennstellen von Hand markieren, kann man mit dem Kommando \hyphenation{Vorschlagsliste} in der Präambel Trennvorschläge machen.

Beispiel:

```
\hyphenation{lie-ben lie-bend lie-ben-der}
```

Das ist aber mit Vorsicht zu genießen. Dieser Trennvorschlag[3] zeigt LaTeX zwar, wie man

```
lie-ben    lie-bend    lie-ben-der
```

trennt, aber nicht wie das Wort

```
liebenswert
```

---

[3] Ein solcher Trennvorschlag ist für LaTeX nie nötig. Solch simple Worte kann das Programm alleine richtig trennen.

getrennt wird. Leider sind aber als Argumente für \hyphenation ebenfalls keine Worte erlaubt, die Nicht-Buchstaben enthalten.

Eine weitere Möglichkeit, die Fehlermeldung Overfull \hbox zu vermeiden, bildet die Anweisung \sloppy, die LaTeX auffordert, die Zeilenauffüllung nicht so genau zu nehmen. Allerdings erlaubt man dadurch großzügigere Wortabstände, was zu unschönen Ergebnissen in der Ausgabe führen kann und deshalb vermieden werden sollte.

Die dritte Möglichkeit ist das \linebreak-Kommando, mit dem LaTeX aufgefordert wird, die Zeile aufzubrechen. Ein zusätzliches Argument schränkt die Forderung wieder ein.

```
\linebreak[0]
\linebreak[1]
\linebreak[2]      Die Forderung wird immer stärker.
\linebreak[3]
\linebreak[4]
```

Dabei bedeutet die 0, daß es ganz im Belieben von LaTeX steht, ob die Zeile aufgetrennt werden soll. Sie besagt nur, daß an dieser Stelle getrennt werden *darf*. Die Zahl 4 ist gleichbedeutend mit einem *Muß* bzw. der Verwendung der Anweisung ohne Paramter.

Mit der Anweisung \nolinebreak kann man einen Zeilenumbruch verhindern. Auch bei dieser Anweisung kann man mit dem zusätzlichen Parameter die Forderung einschränken. Bei der Ausführung der Anweisungen, also dem Umbruch oder Nicht-Umbruch der Zeile, wird weiterhin Blocksatz gemacht. Das kann dazu führen, daß sehr großer Abstand zwischen den einzelnen Wörtern vorgenommen wird und die Meldung Underfull \hbox am Bildschirm erscheint.

Das \newline-Kommando beendet eine Zeile ohne Randausgleich. Dafür kann man auch einfacher \\ schreiben.[4]

Die drei Anweisungen \linebreak, \nolinebreak *und* \newline *dürfen nur innerhalb eines Absatzes verwendet werden.*

Für einen manuellen Seitenumbruch gibt es wie beim Zeilenumbruch extra Anweisungen:

```
\pagebreak
\nopagebreak
```

die analog zu den Befehlen \linebreak und \nolinebreak anzuwenden sind. Auch bei diesen Anweisungen kann man die Stärke

---

[4] Die Anweisung \\ hat einen optionalen Parameter, mit welchem der Abstand zur nächsten Zeile verändert werden kann, z.B. \\[2cm].

der Forderung durch einen optionalen Parameter in eckigen Klammern steuern.

Das **\newpage**-Kommando ist das Analogon zum **\newline**-Kommando, d.h. es wird eine neue Seite an der Stelle begonnen, an welcher die Anweisung auftaucht.

Gliedern von Texten

Kapitel 2

Die meisten Dokumente werden in mehr oder weniger große Sinn-
einheiten aufgeteilt. Im Normalfall wird diese Aufteilung durch
Überschriften vorgenommen, die fortlaufend numeriert und durch
Schrift und Abstand vom restlichen Text abgehoben werden. LaTeX
kann natürlich dem Benutzer nicht die Arbeit abnehmen, die Sinn-
einheiten zu bestimmen, es ist aber durchaus in der Lage, die
Unterscheidung vom restlichen Text automatisch vorzunehmen.
Dazu sind nur einfache Anweisungen nötig, die die Schachtelungs-
ebene der Überschrift anzeigen. Den Rest, auch den Aufbau eines
Inhaltsverzeichnisses, besorgt LaTeX von alleine.

2.1 Die Überschriften

Die Haupt- und Unterabschnitte eines Textes werden durch Anweisungen nach folgendem Muster bezeichnet:

```
\abschnittsbefehl[verzeichniseintrag]{ueberschrift}
\abschnittsbefehl*{ueberschrift}
```

Für \abschnittsbefehl muß einer der folgenden Begriffe eingesetzt werden:

```
\part
\chapter
\section
\subsection
\subsubsection
\paragraph
\subparagraph
```

Für **verzeichniseintrag** kann Text eingesetzt werden, der einen
Eintrag in das Inhaltsverzeichnis erzeugt. Fehlt dieses optionale

Argument, wird das **ueberschrift**-Argument für den Eintrag ins Inhaltsverzeichnis übernommen.

Mit **ueberschrift** wird der Text übergeben, der die eigentliche Überschrift des Abschnitts darstellt. In manchen Situationen kann es Probleme mit den Einträgen ins Inhaltsverzeichnis geben, z.B. bei Formeln, Schriftumschaltungen u.ä. Durch Voranstellen des Befehls \protect vor die Anweisung, die die Schwierigkeiten bereitet, kann dies aber beseitigt werden.

Beim Aufruf der Anweisungen wird jedesmal der entsprechende Abschnittszähler erhöht, dem Text der Überschrift eine Zahl hinzugefügt und die Überschrift in entsprechender Größe und Schriftart in den fortlaufenden Text eingefügt.

\part dient zum Unterteilen dickleibiger Werke und steht daher außerhalb der Zählungshierarchie, d.h. die Anweisung hat keinen Einfluß auf die Zählung der Kapitel und Abschnitte.

Der Überschrift wird bei \part die Zeile *Part n* und bei \chapter die Zeile *Chapter n* vorangestellt. *n* ist dabei die in diesem Moment gültige Nummer des Kapitels bzw. Teils. Bei der Angabe der Stiloption **german** wird bei \part die Zeile *Teil n* und bei \chapter die Zeile *Kapitel n* erzeugt.[1]

Wird mit dem Dokumentstil **article** gearbeitet, steht der Befehl mit \chapter nicht zur Verfügung. Dahinter steht wohl die Vorstellung, daß ein „Artikel", d.h. ein kürzeres Schriftstück, keine Kapitel enthält, sondern höchstens in einzelne Abschnitte geteilt wird.

Die *-Form unterdrückt die Numerierung der Abschnitte, damit aber auch gleichzeitig den Eintrag in das Inhaltsverzeichnis. Ist ein Eintrag gewünscht, muß er von Hand über die Anweisung \addcontentsline vorgenommen werden.

Die Eingabe für den Anfang dieses Kapitels sieht z.B. folgendermaßen aus:

```
\chapter{Gliedern von Texten}

Die meisten Dokumente werden in mehr oder weniger
gro"se Sinneinheiten aufgeteilt...

\section{Die "Uberschriften}

Die Haupt- und Unterabschnitte eines Textes werden
durch Anweisungen nach folgendem Muster bezeichnet:
```

Dabei ist es gleichgültig, ob verschiedene Überschriftanweisungen durch Leerzeilen getrennt sind oder direkt aufeinander folgen. Das gleiche gilt für den Text, der vorangeht oder folgt.

---

[1] Das ist bei dem verwendeten Layout nicht der Fall!

2.2 Das Inhaltsverzeichnis

Ein Inhaltsverzeichnis wird von LaTeX automatisch erzeugt. Dazu
ist genau eine Anweisung nötig:

```
\tableofcontents
```

Nach dieser Anweisung schreibt LaTeX den Text, die Abschnittsnummer und die Seitennummer eines jeden Abschnittsbefehls in
eine eigene Datei, die bei einem zweiten Durchlauf des Programms
wieder eingelesen und verarbeitet wird. Der komplette Name dieser Datei setzt sich aus dem Namen der Eingabedatei und der
Endung .toc zusammen. Deshalb sind für eine korrekte Zählung
der Überschriftennummern zwei Programmdurchläufe nötig. Das
ist aber keine große Einschränkung, da zur Fertigstellung eines
Textes in jedem Fall mehrere Programmdurchläufe erforderlich
sind.

Will man zusätzlich zu den normalen Einträgen einen Text
im Verzeichnis plazieren, verwendet man die Anweisung

```
\addcontentsline{toc}{format}{eintrag}
```

toc steht für die Datei, in die der Eintrag geschrieben werden
soll. format kontrolliert die Formatierung des Eintrags; für format muß ein abschnittsbefehl (ohne \) stehen, z.B. chapter.
Dadurch würde der Eintrag wie ein Kapiteleintrag gesetzt werden.
eintrag ergibt den Text des Eintrags.

Um eine Zeile mit einer Abschnittsnummer innerhalb des Eintrags zu erzeugen, steht die Anweisung

```
\numberline{nummer}{eintrag}
```

zur Verfügung, wobei das erste Argument die Nummer, das zweite
den Text ergibt.

Beispiel:

```
\addcontentsline{toc}{chapter}{%
    \protect\numberline{0}{Einleitung}}
```

ergibt den Eintrag

0   Einleitung 1

Die Anweisung

```
\addtocontents{toc}{text}
```

fügt Text oder Formatierungsbefehle in das Inhaltsverzeichnis ein,
ohne daß sie wie Gliederungsanweisungen behandelt werden.

Beispiel:

```
\addtocontents{toc}{\protect\newpage}
```

forciert einen Seitenumbruch im Inhaltsverzeichnis.

Die Anweisung \protect bewirkt in beiden Fällen, daß die direkt darauf folgenden Anweisungen nicht sofort ausgeführt, also die Numerierung direkt vorgenommen bzw. ein Seitenumbruch forciert wird, sondern wie sie sind in die Angegebene Datei geschrieben werden. Erst bei der Abarbeitung der Datei kommen die Anweisung zur Ausführung.

2.3 Der Anhang

Um den Anhang eines Dokumentes einzuleiten, verwendet man die Anweisung \appendix. Dadurch wird der **section**-Zähler bei **article** bzw. der **chapter**-Zähler bei **report** und **book** auf 0 zurückgesetzt. Die Numerierung der folgenden \section- bzw. \chapter-Befehle wird nicht mehr mit Ziffern, sondern mit Buchstaben, beginnend bei A, B,... durchgeführt.

Das Wort *Chapter* wird durch *Appendix*, bei Verwendung von **german** das Wort *Kapitel* durch das Wort *Anhang* ersetzt.

Dieser Mechanismus ist aber nur geeignet für *einen* Anhang. Er ist nicht geeignet für ein Buch, in dem mehrere Beiträge mit eigenen Anhängen enthalten sind. Dazu müßte der Mechanismus von Hand zurückgesetzt werden.

Kapitel 3

Schriften

In LaTeX sind verschiedene Grundschriften vordefiniert, die man durch eine Anweisung anwählen kann. Diese Schrifttypen (gerade, schräg, fett, ...) kann man außerdem durch eine weitere Anweisung vergrößern oder verkleinern. Solch ein Umschalten von Typ und Größe wird z.B. bei Überschriften vorgenommen. Zusätzlich zu den vordefinierten Schriften gibt es noch jede Menge Schriften[1] wie z.B. altdeutsch, griechisch, hebräisch oder auch Musiknoten. Solche Fonts gehören nicht zur Standardverteilung von LaTeX und müssen gesondert definiert werden.[2]

3.1 Vordefinierte Schriften

Zusätzlich zu der Schriftart *roman*, die man standardmäßig benutzt, sowie *italic*, die bei dem Kommando \em verwendet wird, stehen weitere Schriftarten zur Verfügung. Man ruft sie durch folgende Anweisung auf:

\rm	⤳	Roman:	Gerade Schrift
\sl	⤳	Slanted:	*Kursive Schrift*
\it	⤳	Italic:	*Schräge Schrift*
\bf	⤳	Boldface:	**Fette Schrift**
\sf	⤳	Sans Serif:	Serifenlose Schrift
\tt	⤳	Typewriter:	`Schreibmaschinenschrift`
\sc	⤳	Small Caps:	KAPITÄLCHEN SCHRIFT

Um einen Text in verschiedenen Schriften wiederzugeben, benutzt man für kürzere Textteile das Prinzip der Gruppe, d.h. man begrenzt die Schriftumschaltung durch geschweifte Klammern

```
{\schriftart ...}
```

[1] Der englische Begriff für Schrift lautet „Font" und wird auch im deutschen häufig verwendet.
[2] Zusatzschriften sind kostenlos über die verschiedenen TeX-Benutzergruppen erhältlich (siehe Anhang A).

für längere Textteile verwendet man besser eine Umgebung:

```
\begin{schriftart}
  Text
\end{schriftart}
```

\schriftart bzw. {schriftart} stehen für eine der zuvorgenannten Anweisungen, z.B. \sc bzw. \begin{sc}.

An unterschiedlichen Schriftgrößen stehen in LaTeX zur Verfügung:

\tiny	winzig
\scriptsize	sehr klein
\footnotesize	kleiner
\small	klein
\normalsize	normal
\large	groß
\Large	größer
\LARGE	sehr groß
\huge	riesig
\Huge	gigantisch

Diese Größen beziehen sich auf die im Dokumentstil festgelegte Schriftgröße, d.h. bei **12pt** hat \large eine andere absolute Größe als bei **10pt**. Hierbei ändert sich automatisch auch der Zeilenabstand.

Durch den Aufruf einer Schriftgröße wird immer auf die gewählte Größe der Schriftart \rm umgeschaltet. Um die angeforderte Größe in einer anderen Schriftart zu erhalten, muß der Befehl für die gewünschte Größe dem der Schriftart vorangestellt werden.

Beispiel:

```
{\huge\bf Riesige fette Schrift}
```

ergibt in der Ausgabe

Riesige fette Schrift

Hat man bereits die gewollte Größe, so muß die Anweisung dafür nicht erneut angegeben werden:

Beispiel:

```
{\footnotesize Das \it ist \sf ein \bf etwas \sl
  kleiner \sc Text.}
```

ergibt in der Ausgabe

Das *ist* ein **etwas** *kleiner* TEXT.

Nicht alle Schriftarten sind in allen Größen aktiviert. Entscheidet man sich für eine Kombination von Größe und Schrift, die nicht verfügbar ist, so erzeugt LaTeX eine **warning** und wählt eine Ersatzschrift.

3.2 Extra Schriften

Neben den zuvor erwähnten Schriften, die nicht zum Standard gehören, gibt es auch solche, die dazu gehören, aber nicht vordefiniert sind. Nicht jeder Benutzer will jede Schrift bei jedem Durchlauf mitschleppen. Welche Schriften bei einer Standardverteilung dabei sein sollten, kann man Anhang C.1 entnehmen. Undefinierte Schriftarten werden in LaTeX durch die folgende Anweisung verfügbar gemacht:

```
\newfont{\name}{fontname [scaled vergroesserung]}
```

\name ist der vom Benutzer vergebene Befehlsname, mit dem die Schrift im Text angesprochen werden soll.

fontname ist der Name der zu verwendenden Schrift. Es muß eine Datei dieses Namens im Schriftenverzeichnis von TeX auf dem Betriebssystem vorhanden sein.

vergroesserung ist die Vergrößerungsstufe, in der die Schrift verwendet wird. Diese Angabe kann entfallen. Bei ihrer Verwendung werden wie immer bei optionalen Angaben die eckigen Klammern weggelassen. Verfügbare Stufen sind: 1000, 1095, 1200, 1440, 1728, 2074 und 2488 (ohne Angabe erhält man 1000). Hierbei wird jedes Maß, das das Zeichen beschreibt, mit einem Faktor multipliziert. Die Vergrößerungsstufen entsprechen diesem Faktor, multipliziert mit 1000. Wird von diesem Mechanismus Gebrauch gemacht, muß der Begriff **scaled** der Zahl vorangestellt werden. Bei der Verwendung der Grundgröße 1000 (Standardeinstellung) entfallen sowohl die eckigen Klammern als auch **scaled** und die Zahl.

Beispiel:

```
\newfont{\abc}{cmdunh10 scaled 1728}
```

Nach dieser Definition ist es möglich, die Schrift `cmdunh10` in der Vergrößerungsstufe **1728** durch den Befehl `\abc` anzuwählen:

```
{\abc Dies ist ein Probetext in Dunhill.}
```

ergibt dann den Text

Dies ist ein Probetext in Dunhill.

Zwischen derart definierten zusätzlichen Schriften kann man wie zwischen vordefinierten beliebig hin- und herschalten.

Beispiel:

```
\newfont{\gr}{cmg10}
\newfont{\cy}{cmcyr10}
\newfont{\hb}{redis10}
%
Das ist ein kurzer Probetext. Er sagt wahrlich nicht viel
aus und soll lediglich dazu dienen, eine Fontumschaltung
zu zeigen.
\gr
Das ist in etwa der gleiche Text, diesmal in griechischer
Schrift.
\cy
Auch kyrillische Schriftzeichen stehen uns zur Verf"ugung.
\hb
Zu guter Letzt noch der Versuch mit hebr"aischer Schrift.
"Ubersetzen mu"s selbstverst"andlich jeder selbst.
```

Als Ergebniss erhält man:

Das ist ein kurzer Probetext. Er sagt wahrlich nicht viel aus und soll lediglich dazu dienen, eine Fontumschaltung zu zeigen. Δασ ιστ ιν ετωα δερ γλειχε Τεξτ, διεσμαλ ιν γριεχισχερ Σχριτ. Αυχχ кyриллисцхе Сцхрифтзеицхен стехен унс зур Верфџгунг. ק קפ עוטדףיבבעגוט פים טדקףיעו עוה טדנם פתפו עוף ון טדילהמבבפףעוצפפֿגלוף קם מותפוףיעוג פֿזיעטד. פףגלוף עוה.

Bei selbstdefinierten Schriften wird der Zeilenabstand nicht verändert, da sie nicht zum Standardzeichensatz von LaTeX gehören. Eine komfortable Lösung dieses Problems stellt Nfss (*New Font Selection Scheme*) dar, welches in zukünftigen LaTeX-Versionen enthalten sein wird.[3]

---

[3] Bis dahin ist es über die verschiedenen TeX-Benutzergruppen erhältlich (siehe Anhang A).

Verschiedenes

Bei einem Dokument welcher Art auch immer werden allerlei Längen (Breite, Höhe, ...), Abstände (Zeilen-, Wortabstand, ...) und Zähler (Seiten-, Überschriftenzähler, ...) erforderlich. Diese Angaben sind in LaTeX vordefiniert, können aber leicht sowohl relativ als auch absolut verändert werden. Damit ist im Bedarfsfall die Möglichkeit vorhanden, in die vorgegebene Struktur einzugreifen, ohne daß die von LaTeX gelieferten Definitionen komplett ausgeschaltet werden müssen.

4.1   Maßangaben

Maßangaben bestehen aus einer Dezimalzahl (eventuell mit Vorzeichen $-$), gefolgt von einer Maßeinheit. Als Maßeinheiten sind erlaubt:

mm	Millimeter
cm	Zentimeter
in	Inch
pt	Point
pc	Pica
bp	Big Point
cc	Cicero
sp	Scaled Point (1pt = 65536 sp)
em	die Breite eines M im jeweils aktiven Zeichensatz
ex	die Höhe eines x im jeweils aktiven Zeichensatz

sp ist die Einheit, die intern in TeX verwendet wird, das heißt, die kleinste Maßeinheit ist 0.0000054 mm, die größte 5.7583 m. Sehr nützlich sind die beiden relativen Maßeinheiten *em* und *ex*. Arbeitet man mit ihnen bei Abständen, Tabellen oder Listen, kann man sorglos die Schriftgröße des Dokumentes verändern. Die Maße passen sich automatisch an. Neben diesen „unabhängigen" Maßangaben kann man auch Teile von bereits vorhandenen Längen verwenden. Auch diese Methode hat ihre Vorteile, will man in der Lage sein, sein Schriftstück ohne großen Aufwand in der Größe zu ändern.

4.2 Abstände

Der normale Absatzabstand ist durch Standardwerte, die im Dokumentstil oder durch eigene Definitionen angegeben sind, festgelegt. Mit den Befehlen

```
\vspace{massangabe}
\vspace*{massangabe}
```

kann man zwischen Absätzen zusätzlich senkrechten Zwischenraum der Länge **massangabe** einfügen. Die *-Form erzeugt einen Zwischenraum, auch wenn die Anweisung am Anfang einer Seite wirksam wird. Bei der Standardform unterbleibt das Einfügen von Zwischenraum in diesem Fall. Der Wert **massangabe** darf auch negativ sein, wobei dadurch ein Höherrücken um den entsprechenden Betrag bewirkt wird.

Abstände ohne explizite Maßangabe erhält man durch die Befehle

```
\smallskip
\medskip
\bigskip
```

Hier sind die Werte der Abstände abhängig von der Standardschriftgröße, die bei \documentstyle gewählt wurde. Es ist aber \medskip immer doppelt so groß wie \smallskip, und \bigskip immer das Doppelte von \medskip.

Vor Anweisungen, die einen senkrechten Zwischenraum schaffen, muß immer ein Absatz zu Ende sein.[1] Steht eine solche Anweisung innerhalb eines Absatzes, wird der Abstand an der nächstmöglichen Stelle gesetzt.

Weitere Abstände erhält man durch folgende Anweisungen:

\hspace{massangabe} bzw. \hspace*{massangabe} sind die Anweisungen für waagrechten Zwischenraum. Die *-Form wird immer ausgeführt, ansonsten wird der Abstand am Anfang eines Absatzes ignoriert.

\hfill ist die Kurzform für den Befehl \hspace{\fill}. Er erlaubt das gleichmäßige Verteilen von Text innerhalb einer Zeile.

---

[1] Ein Absatz wird beendet durch \par oder eine Leerzeile.

`\dotfill` arbeitet wie `\hfill`, füllt den Zwischenraum jedoch mit Punkten.

`\hrulefill` arbeitet ebenso wie `\hfill`, füllt den Zwischenraum jedoch mit einer durchgezogenen Linie.

`\vfill` ist die Kurzform für den Befehl `\vspace{\fill}` und funktioniert in etwa wie `\hfill`. Man kann damit Text und Leerraum gleichmäßig auf einer Seite verteilen.

Beispiel:

```
Adresse  \hfill{}       Datum                   \\
Nachname \dotfill{}      Vorname \dotfill{}\\
Stra"se  \hrulefill{}                            \\
Ort      \hrulefill{}
```

ergibt in der Ausgabe:

Adresse   Datum
Nachname .... Vorname ....
Straße ____
Ort ____

4.2.1 Zwischenräume

In manchen Fällen ist es notwendig, explizit anzugeben, was für ein Zwischenraum zwischen Worten gemacht werden soll.

Durch `\␣` erhält man den Abstand eines zwei Worte trennenden, normalen Leerzeichens, allerdings mit fester Breite. Eine Tilde (~) liefert den Zwischenraum eines Leerzeichens, verhindert aber, daß an dieser Stelle ein Zeilenumbruch erfolgen kann. Das ist vor allem sinnvoll bei Titeln, Namen oder feststehenden Begriffen:

Beispiel:

```
II.~Examen            ⤳  II. Examen
Prof.~Dr.~Tibatong    ⤳  Prof. Dr. Tibatong
```

Einen kleinen Zwischenraum, wie man ihn z.B. bei großen Zahlen zur besseren Lesbarkeit verwendet, erhält man durch `\,`

Beispiel:

```
Postfach 10\,18\,40   ⤳  Postfach 10 18 40
```

Bei den Satzzeichen . : ! ? nimmt LaTeX an, daß es sich um Satzendezeichen handelt, und fügt daher nach der Kombination Kleinbuchstabe/Satzendezeichen einen größeren Zwischenraum ein. Diesen zusätzlichen Zwischenraum kann man verhindern, indem man `\␣` schreibt.

Beispiel:

```
u. a. Abk"urzungen     ↝  u. a. Abkürzungen
u.\ a.\ Abk"urzungen   ↝  u. a. Abkürzungen
```

Will man diesen zusätzlichen Zwischenraum generell vermeiden, setzt man vor `\begin{document}` den Befehl `\frenchspacing`. Dadurch wird der Abstand nach einem Satzendezeichen nicht verändert.[2]

Steht ein Großbuchstabe vor einem Satzendezeichen, nimmt LaTeX an, daß es sich um eine Abkürzung handelt und macht keinen Satzendeabstand. Man kann diesen Abstand aber erhalten, indem man dem Satzzeichen die Anweisung `\@` voranstellt.

Beispiel:

```
Schluck Vitamin C. Das hilft bei Erk"altung.
  ↝  Schluck Vitamin C. Das hilft bei Erkältung.
Schluck Vitamin C\@. Das hilft bei Erk"altung.
  ↝  Schluck Vitamin C. Das hilft bei Erkältung.
```

4.3 Längenangaben

Häufig kommt es vor, daß man die Voreinstellung einer Länge, wie z.B. die der Seitenbreite, verändern will. Mit der Anweisung

```
\setlength{\laengenbefehl}{massangabe}
```

kann man das Maß von `\laengenbefehl` absolut festlegen. Mit

```
\addtolength{\laengenbefehl}{massangabe}
```

wird das Maß von `\laengenbefehl` relativ zum bestehenden Wert definiert. In Anhang D.1 sind alle Längenbefehle aufgeführt. Sowohl bei der Anweisung `\setlength` als auch bei `\addtolength` sind negative Maßangaben möglich.

Beispiel:

```
\setlength{\textwidth}{16cm}
```

setzt die Breite des Textes auf 16 cm.

```
\addtolength{\textwidth}{2cm}
```

ergibt nun für die Breite den Wert 18 cm.

---

[2] Bei der zum Zeitpunkt der Drucklegung aktuellen Version von german.sty (2.4a) wird immer der Befehl `\frenchspacing` hinzugefügt, da ein vergrößerter Abstand nach einem Satzendezeichen im Deutschen nicht üblich ist.

4.4 Zähler

LATEX verwaltet intern eine Reihe eigener Zähler. Diese haben
meist dieselben Namen wie die Befehle, die sie verwenden. Welche
Zähler es gibt, kann man Anhang D.2 entnehmen.

Normalerweise haben Zähler einen ganzzahligen, positiven
Wert. Will man den Wert eines Zählers verändern, verwendet man
das Kommando

```
\setcounter{zaehler}{num}
```

Dieser Befehl setzt den Wert des Zählers **zaehler** auf **num**.

```
\addtocounter{zaehler}{num}
```

Erhöht/verringert den Wert des Zählers **zaehler** um den Wert
num, je nachdem ob die Angabe positiv oder negativ ist.

Beispiel:

```
\setcounter{page}{17}
```

Der Seitenzähler wird absolut auf den Wert 17 gesetzt. Die Anweisung

```
\addtocounter{page}{-2}
```

setzt den Seitenzähler relativ zum bestehenden um 2 zurück und damit
in unserem Beispiel auf den Wert 15.

Mehrfachnummern werden aus verschiedenen Zählern gebildet.
Wenn z.B. der Aufruf von \subsection die Zahl 2.4 ergibt, setzt
sich diese Zahl aus dem Zähler von \section (2) und dem Zähler
von \subsection (4) zusammen.

4.4.1 Ausgabe von Zählern

Mit den folgenden Anweisungen kann der aktuelle Wert eines
Zählers im angegebenen Format ausgegeben werden. Dieses Prin-
zip läßt sich besonders gut anwenden, wenn man einen bestimmten
Zählerstand ausgeben und bei dieser Ausgabe flexibel bleiben will.

`\arabic{zaehler}`	⇝	arabische Zahlen
`\roman{zaehler}`	⇝	kleine römische Zahlen
`\Roman{zaehler}`	⇝	große römische Zahlen
`\alph{zaehler}`	⇝	kleine Buchstaben (**zaehler** darf maximal den Wert 26 annehmen)
`\Alph{zaehler}`	⇝	große Buchstaben (**zaehler** darf maximal den Wert 26 annehmen)

Beispiel:

Hat der Zähler **chapter** den Wert 4, dann erhält man mit den folgenden
Anweisungen die angegebenen Resultate:

```
Aktuelles Kapitel: \arabic{chapter}      ↝   Aktuelles Kapitel: 4
Aktuelles Kapitel: \roman{chapter}       ↝   Aktuelles Kapitel: iv
Aktuelles Kapitel: \Roman{chapter}       ↝   Aktuelles Kapitel: IV
Aktuelles Kapitel: \alph{chapter}        ↝   Aktuelles Kapitel: d
Aktuelles Kapitel: \Alph{chapter}        ↝   Aktuelles Kapitel: D
```

4.5 Fußnoten

Die Anweisung

```
\footnote[num]{fussnotentext}
```

erzeugt eine Fußnotenmarkierung im fortlaufenden Text und die
eigentliche Fußnote mit **fussnotentext** am Ende der Seite.[3]
    num ist eine ganze positive Zahl, die angegeben werden kann,
wenn von der laufenden Zählung abgewichen werden soll. Ohne
Angabe wird der Wert des internen Zählers **footnote** verwendet.
    Innerhalb einiger Umgebungen, z.B. in einer Formel, Tabelle
o.ä. müssen Verweis und Fußnote getrennt werden:

```
\footnotemark[num]
\footnotetext[num]{fussnotentext}
```

Die Markierung wird an der gewünschten Stelle eingesetzt, die
eigentliche Fußnote wird später, außerhalb der kritischen Umgebung, nachgetragen.

Beispiel:

```
\begin{tabular}{l}
  Eine Tabelle mit einer Spalte\footnotemark
\end{tabular}
\footnotetext{Und die Fu"snote dazu}
```

ergibt:

Eine Tabelle mit einer Spalte[4]

Fußnoten werden automatisch durchnumeriert, im Normalfall mit
arabischen Ziffern. Beim Dokumentstil **book** und **report** beginnt

---

[3] Die Markierung und die Fußnote haben das gleiche Zeichen.
[4] Und die Fußnote dazu

die Zählung mit jedem neuen Kapitel bei 1, bei **article** werden die Fußnoten für das ganze Dokument durchlaufend numeriert. Bei Verwendung dieser Layout-Vorgaben wird die Fußnote
vom Text durch einen kurzen horizontalen Strich getrennt und in
\footnotesize gesetzt.

Will man den Zähler der Fußnote auf Dauer ändern, so geht
das über die Anweisung **\setcounter** oder **\addtocounter**. Falls
z.B. auch bei **article** nach jeder **section**-Überschrift die Numerierung wieder bei 1 beginnen soll, fügt man einfach

```
\setcounter{footnote}{0}
```

nach jeder **\section**-Anweisung ein.

4.6 Die Anführungszeichen

Jede Sprache (oder jedenfalls nahezu jede) hat ihre eigenen Konventionen, was Anführungszeichen angeht. Prinzipiell unterscheidet man im gedruckten Text das linke und das rechte Anführungszeichen. LaTeX interpretiert das Zeichen ' als das linke, ' als das
rechte Hochkomma.[5]

Im englischen gibt es zwei verschiedene Symbole — das einfache und das doppelte Anführungszeichen.

```
'He said ''Yes Sir''. That was all.'   ↝
```
'He said "Yes Sir". That was all.'

Im Deutschen sitzen die Anführungszeichen („Gänsefüßchen") anders. Nach Angabe der Option **german** kann man schreiben:

"' oder **\glqq**   für linke, doppelte Anführungszeichen
"' oder **\grqq**   für rechte, doppelte Anführungszeichen
\glq   für linke, einfache Anführungszeichen
\grq   für rechte, einfache Anführungszeichen

Beispiel:

```
"'Guten Tag"'   ↝    „Guten Tag"
```

Für französische Anführungszeichen («guillemets») schreibt man
— mit **german**:

"< oder **\flqq**   für linke, doppelte Anführungszeichen
"> oder **\frqq**   für rechte, doppelte Anführungszeichen
\flq   für linke, einfache Anführungszeichen
\frq   für rechte, einfache Anführungszeichen

---

[5] Jede Tastatur sollte zwei verschiedene Hochkommata kennen. Am einfachsten
probiert man sie aus und sieht sich das Ergebnis an.

Beispiel:

```
"<Bonjour Madame">   ↝   «Bonjour Madame»
```

4.7 Trenn-, Binde-, Gedankenstrich

Im Buchsatz unterscheidet man drei verschiedene Typen von Strichen. Deshalb gibt es bei LaTeX auch drei verschiedene Anweisungen dafür:

```
-      --       ---
```

Der einfache Strich auf der Tastatur steht für einen Trenn-, der doppelte für einen Binde-[6] und der dreifache für einen Gedankenstrich. Das *mathematische* Minuszeichen erhält man über den mathematischen Modus.

Beispiel:

```
M"uller-L"udenscheid            ↝   Müller-Lüdenscheid
12.15--13.00\,Uhr               ↝   12.15–13.00 Uhr
Ein --- sinniges --- Beispiel   ↝   Ein — sinniges — Beispiel
```

4.8 Akzente und spezielle Zeichen

In vielen Sprachen benötigt man Akzente oder sonstige Zeichen auf, unter, neben, ... den Buchstaben. Nicht alle dieser Zeichen sind über die Tastatur direkt erreichbar, sondern müssen über spezielle Befehle angesprochen werden. In der Tabelle in Anhang C.2 kann für das „z" in geschweiften Klammern jeder beliebige andere Buchstabe stehen.

Die speziellen Zeichen in Anhang C.3 sind nur in der dargestellten Form verfügbar. Ein ů müßte man sich z.B. selbst definieren.

Beispiel:

```
na\"{\i}ve            ↝   naïve
Matin\'{e}es          ↝   Matinées
Comment \c{c}a va?    ↝   Comment ça va?
\AA␣ngstrom           ↝   Ångstrom
```

Bei dem ersten Beispiel ist zu beachten, daß für das „i" nicht das normale Zeichen von der Tastatur, sondern ein *dotless i* verwendet wird. Ansonsten wären im Endeffekt insgesamt 3 Punkte über dem Zeichen: ï.

---

[6] Im Buchsatz auch *Divis* genannt.

4.9 Querverweise

Querverweise in einem Text dienen dazu (manchmal zu häufig),
auf bestimmte Stellen hinzuweisen, die ähnliche, völlig andere oder
verwandte Bedeutung wie das eben geschriebene haben. Solche
Stellen werden in LaTeX markiert, um dann bei entsprechender
Gelegenheit über die vorgenommene Markierung angesprochen zu
werden. Statt also einen Verweis über eine fixe Zahl vorzunehmen,
zum Beispiel durch *siehe Seite xyz*, markiert man die Stelle, auf
die hingewiesen werden soll, durch eine Marke (ein *Label*). An der
gewünschten Stelle benützt man diese Marke, zu der sich LaTeX
automatisch die richtige Nummer/Seitenzahl gemerkt hat.

Mit der \label-Anweisung wird die Nummer bzw. Seitenzahl
der gerade aktuellen Seite in eine Hilfsdatei geschrieben, die den
gleichen Namen hat wie die Eingabedatei, jedoch mit der Endung
.aux versehen ist. Wenn die Anweisung im fortlaufenden Text
steht, wird außerdem die Nummer der letzten Überschrift gespeichert; innerhalb einer numerierten Umgebung (equation, figure,
enumerate, etc.) deren Nummer.

Genauso wie beim Inhaltsverzeichnis muß man auch bei Referenzen eine Eingabe mehrfach bearbeiten lassen. Sobald man eine
Markierung bewegt, indem man zum Beispiel Text davor einfügt,
wird ein erneutes Bearbeiten nötig. LaTeX zeigt dann einen Warnhinweis: *LaTeX Warning: Label(s) may have been changed.*[7]
Eine Markierung setzt man durch

    \label{markierung}

wobei markierung ein beliebiger Name ist, der aus Buchstaben,
Ziffern und Satzzeichen bestehen kann. Es dürfen allerdings nicht
die in LaTeX definierten Sonderzeichen (\, #, $, %, &, ~, ^, _, {
oder }) sein. Die Anweisung \label darf nicht innerhalb eines
Gliederungsbefehls wie zum Beispiel \section stehen. Sie wird
stattdessen direkt danach gesetzt.
Den eigentlichen Verweis erzeugt man mit dem Befehl

    \ref{markierung}

wobei markierung der Name ist, der mit \label definiert wurde.
\ref liefert die Nummer einer Gleichung, Abbildung, Überschrift,
etc., je nachdem, an welcher Stelle die Markierung gesetzt wurde.

Will man auf eine Seitennummer im Text verweisen, erreicht
man dies durch den Befehl

---

[7] Auch Warnungen von LaTeX sollte man Beachtung schenken. Auf jeden Fall
sollte man sich zumindest über ihre Bedeutung im Klaren sein.

```
\pageref{markierung}
```

wobei **markierung** wie bei **\ref** der mit **\label** definierte Name sein muß.

Es ist für LaTeX bedeutungslos, ob zuerst die Markierung und dann der Verweis kommt oder umgekehrt. Es kann beides handhaben. Durch mehrfache Programmdurchläufe werden die entsprechenden Nummern richtig in die Hilfsdatei geschrieben und beim Aufruf von **\ref** gelesen.

Beispiel:

Wir haben im Kapitel über den mathematischen Formelsatz verschiedene Markierungen eingesetzt:

```
\chapter{Mathematische Formeln}\label{math}
...
Wie schon kleine Kinder wissen, ergibt
\begin{equation}\label{gleichung}
  1 + 1 = 2
\end{equation}
Das ist doch ganz klar!
```

und verweisen in einem anderen Zusammenhang darauf:

```
...
Wie wir in Kapitel~\ref{math} gesehen haben, kann man
Gleichungen mit Nummern versehen. Ein Beispiel daf"ur
ist Gleichung~\ref{gleichung} auf Seite~\pageref{gleichung}.
```

Der Text, in dem die Verweise angebracht wurden, sieht in der Ausgabe so aus:

Wie wir in Kapitel 6 gesehen haben, kann man Gleichungen mit Nummern versehen. Ein Beispiel dafür ist Gleichung 6.1 auf Seite 63.

Umgebungen

5.1 Hervorhebungen

Hat man früher einen Text auf der Schreibmaschine geschrieben,
mußte man Hervorhebungen unterstreichen. Beim Buchsatz wechselt man die Schriftart. Dazu gibt es in LaTeX das Kommando \em.
Die Voreinstellung ist, daß hierbei die Schriftart *italic* eingesetzt
wird.

Beispiel:

```
Hier wird auf {\em hervorgehobenen} Text umgeschaltet.
```

ergibt die folgende Ausgabe:

Hier wird auf *hervorgehobenen* Text umgeschaltet.

Bei einer geschachtelten Anwendung des **\em**-Kommandos wird
nach der zweiten Umschaltung der Text wieder in der Schriftart
roman gesetzt. Dieser Automatismus eignet sich unter anderem
für Zitate, in welchen wiederum zitiert wird.

Beispiel:

```
{\em Man kann auch {\em hervorgehobenen} Text innerhalb
von hervorgehobenem Text erzeugen.}
```

ergibt die Ausgabe:

Man kann auch hervorgehobenen *Text innerhalb von hervorgehobenem
Text erzeugen.*

Sollen längere Passagen hervorgehoben werden, kann man dies
bewerkstelligen, indem man die Umgebung **em** benutzt:

```
\begin{em}
    Text
\end{em}
```

Steht hervorgehobener Text zu nahe am folgenden Text, kann sich ein unschöner Effekt ergeben, wenn bestimmte Buchstaben in *italic* zu dicht beim nächsten Buchstaben in *roman* stehen.

Beispiel:

```
{\em Text}hervorhebung
```
⤳ *Text*hervorhebung

Hier kann man mit \/, der sogenannten *italic correction*, wieder geeigneten Leeraum schaffen.

```
{\em Text\/}hervorhebung
```
⤳ *Text*hervorhebung

5.2   Textverschiebungen

Unter Verschiebungen hat man sich hier Abweichungen vom normalen Blocksatz[1] vorzustellen.

5.2.1   Zentrierter Text

Die Umgebung `center` erzeugt zentrierten Text, indem jegliche Trennung und der Randausgleich auf beiden Seiten ausgeschaltet wird. Die Syntax für diese Umgebung lautet:

```
\begin{center}
  Text
\end{center}
```

Beispiel:

```
\begin{center}
  Dieser Text wurde mit {\tt center} produziert. Geht der
  Text "uber eine Zeile hinaus, so entf"allt der rechte
  und linke Randausgleich.
\end{center}
```

erzeugt die folgende Ausgabe:

> Dieser Text wurde mit `center` produziert. Geht der Text über eine Zeile hinaus, so entfällt der rechte und linke Randausgleich.

Steht die Eingabe bereits innerhalb einer anderen Umgebung, so kann man statt dessen die Anweisung \centering verwenden. Damit kann man z.B. verhindern, daß ein doppelter Zwischenraum durch zwei aufeinanderfolgende Umgebungen erzeugt wird.

[1] Unter Blocksatz versteht man Text, der rechts und links einen gleichmäßigen Rand hat. Das Gegenteil ist Flattersatz, der im Normalfall mit der Schreibmaschine erzeugt wird.

5.2.2 Einseitig rechtsbündiger, bzw. linksbündiger Text

Auf dieselbe Art und Weise wie man zentrierten Text erhält, kann
man sich auch rechtsbündigen, bzw. linksbündigen Text schaffen.
Dabei setzt man anstatt `center` den Parameter `flushright` für
rechtsbündigen, bzw. `flushleft` für linksbündigen Text ein. Man
erhält dadurch sogenannten Flattersatz auf der linken bzw. rechten Seite des Absatzes. Innerhalb einer anderen Umgebung kann
man für rechtsbündigen Text auch `\raggedleft`, für linksbündigen Text `\raggedright` schreiben.[2]

Beispiel:

```
\begin{flushleft}
  Dieser Text wurde mit {\tt flushleft} produziert
\end{flushleft}
\begin{flushright}
  und dieser mit {\tt flushright}.
\end{flushright}
```

erzeugt die folgende Ausgabe:

Dieser Text wurde mit `flushleft` produziert

und dieser mit flushright.

5.3 Zitate

Zitate sind Textteile, die vom laufenden Text durch Abstand und
eingezogene Ränder abgehoben werden sollen.

Für kurze Zitate verwendet man die Umgebung `quote`:

```
\begin{quote}
    Text
\end{quote}
```

bei der durch `\par` oder Leerzeile ein neuer Absatz ohne Einrük-
kung, dafür mit größerem vertikalem Abstand gemacht wird.

---

[2] Die unterschiedliche Namensgebung kommt dabei vom jeweiligen Ansatzpunkt
der Autoren: Für Knuth war Text, der mit `raggedleft` positioniert wurde, links
ausgefranst. Für Lamport war Text, der mit `flushright` gesetzt wurde, rechts
bündig zum Rand.

Beispiel:

```
\begin{quote}
 Wem das Wasser bis zum Hals steht,
 der sollte den Kopf nicht h"angen lassen.

 Sonst k"onnte es ihm "ubel ergehen \ldots{}
\end{quote}
```

ergibt die Ausgabe

> Wem das Wasser bis zum Hals steht, der sollte den Kopf nicht hängen lassen.
> Sonst könnte es ihm übel ergehen ...

Für längere Zitate verwendet man die Umgebung **quotation**:

```
\begin{quotation}
   Text
\end{quotation}
```

Hier werden die Absätze wie im Haupttext gesetzt.

Beispiel:

> "In turning TEX into LATEX, I have tried to convert a highly-tuned racing car into a comfortable family sedan. The family sedan isn't meant to go as fast as a racing car or be as exciting to drive, but it's comfortable and gets you to the grocery store with no fuss."[3]

5.4 Gedichte

In LATEX werden Gedichte mit Hilfe der Umgebung **verse** geschrieben:

```
\begin{verse}
   Text
\end{verse}
```

Der Zeilenumbruch erfolgt durch die Angabe von \\ am Ende der Zeile. Die Strophen werden wie Absätze im normalen Text durch Leerzeilen oder \par gekennzeichnet. Geht eine Verszeile über die Ausgabezeile hinaus, bricht LATEX automatisch um und rückt die Fortsetzungszeile etwas ein. Um nach \\ einen Seitenumbruch zu verhindern, verwendet man statt dessen *.

[3] Leslie Lamport, LATEX — A Document Preparation System.

Beispiel:

```
\begin{verse}
  ...

  Wi"st ihr das "ubrige nicht?
  Wir ruhten ermattet vom Spiel aus.

  Mittagstunden wie die --- w"urden sie oft mir gew"ahrt!
\end{verse}
```

wird in der Ausgabe zu:

> ...
>
> Wißt ihr das übrige nicht? Wir ruhten ermattet vom Spiel
>   aus.
>
> Mittagstunden wie die — würden sie oft mir gewährt! [4]

5.5 Direkte Ausgabe

Bei manchen Gelegenheiten, z.B. bei der Darstellung von Computerprogrammen, will man die Formatierung des Textes ausschalten können. Dazu gibt es die Umgebung **verbatim**. Zwischen \begin{verbatim} und \end{verbatim} stehende Zeilen werden genauso ausgedruckt, wie sie eingegeben wurden, d.h. mit allen Leerzeichen und Zeilenwechseln und ohne Interpretation von Spezialzeichen und LaTeX-Befehlen. Außerdem wird auf Schreibmaschinenschrift (*typewriter*, \tt) umgeschaltet.

Beispiel:

```
\begin{verbatim}
  Der \verb+\dots+-Befehl \dots
\end{verbatim}
```

Innerhalb eines Absatzes können einzelne Zeichenkombinationen oder kurze Textstücke ebenso „wörtlich" ausgedruckt werden, indem man die Anweisung \verb verwendet. Direkt nach \verb muß ein Zeichen folgen, das als Begrenzer fungiert. Im unten aufgeführten Beispiel ist es das +-Zeichen. Die „wörtliche" Ausgabe geht so lange, bis der Begrenzer das nächste Mal erscheint. Mit dieser Methode wurden zum Beispiel alle LaTeX-Anweisungen im vorliegenden Buch gesetzt.

Beispiel:

```
  Der \verb+\dots+-Befehl \dots
```

---

[4] Aus den Amores des Ovid

ergibt in der Ausgabe

Der \dots-Befehl ...

Die verbatim-Umgebung und der Befehl \verb können *nicht* innerhalb von Parametern von anderen Befehlen verwendet werden, z.B. innerhalb von Überschriften. Sie *können* aber innerhalb von Umgebungen benützt werden.

Zwischen \verb und dem Begrenzer darf kein Leerzeichen stehen. Das gleiche gilt für \begin{verbatim} und \end{verbatim}. Hier dürfen keine Leerzeichen zwischen \begin, bzw. \end und der Klammer vorkommen.

Mit \verb* bzw. \begin{verbatim*} erreicht man dieselben Effekte. Zusätzlich werden bei dieser Anwendung jedoch alle Leerzeichen innerhalb der Begrenzer bzw. innerhalb der Umgebung durch ⊔ markiert.

Beispiel:

```
Anweisungen kann man durch ein Leerzeichen begrenzen,
z.B.{} \verb*+\LaTeX +.
```

ergibt in der Ausgabe

Anweisungen kann man durch ein Leerzeichen begrenzen, z.B. \LaTeX⊔.

5.6   Listen

In nahezu jedem Text kommt irgendeine Art von Liste zur Anwendung, sei es als Aufzählung, Beschreibung oder einfach nur Auflistung. In LaTeX gibt es verschiedene vordefinierte Listentypen (Standardlisten), die sich durch ihren Aufruf und die erzeugte Markierung unterscheiden. Außerdem hat man die Möglichkeit, sich einen eigenen Listentyp (allgemeine Listen) zu definieren, falls das Vorgegebene nicht gefällt.

5.6.1   Standardlisten

Bei Standardlisten ist der Aufbau vorgegeben. Die Benutzer können zwischen verschiedenen Marken und Voreinstellungen wählen, ohne selbst die Gestaltung vornehmen zu müssen oder zu können. Diese Listen können bis zu vier Ebenen tief geschachtelt werden, wobei sich die Markierung jeweils ändert. Man kann die unterschiedlichen Listen auch mischen.

Die itemize-Umgebung

Die Umgebung itemize eignet sich für einfache Auflistungen. Als
Markierung werden die Zeichen •, –, * und · eingesetzt. Läßt man
der Anweisung \item in eckigen Klammern eine andere Markierung folgen, wird diese eingesetzt.

Beispiel:

```
Listen:
\begin{itemize}
  \item    Bei {\tt itemize} werden die Elemente ...
  \item[**] Listen k"onnen auch geschachtelt werden:
  \begin{itemize}
    \item   Die maximale ...
    \item   Einr"uckung und ...
  \end{itemize}
  \item    usw.
\end{itemize}
```

sieht in der Ausgabe folgendermaßen aus:

Listen:

- Bei itemize werden die Elemente durch Punkte und andere Symbole gekennzeichnet.

** Listen können auch geschachtelt werden:

  - Die maximale Schachtelungstiefe ist 4.

  - Einrückung und Bezeichnung der Elemente wechseln auto-
    matisch.

- usw.

Die enumerate-Umgebung

Die Umgebung enumerate eignet sich für numerierte Aufzählungen, als Markierung werden arabische Ziffern mit Punkt, kleine
Buchstaben in Klammern, kleine römische Ziffern mit Punkt und
große Buchstaben mit Punkt eingesetzt. Auch hier kann man beim
Aufruf von \item in eckigen Klammern eine andere Markierung
angeben. In diesem Fall wird der aktuelle Zähler nicht verändert.

Beispiel:

```
Aufz"ahlungen:
\begin{enumerate}
  \item    Bei {\tt enumerate} werden die Elemente mit
           Ziffern oder Buchstaben numeriert.
  \item[1a.] Die Numerierung erfolgt automatisch.
  \item    Man kann auch verschiedene Listentypen
```

```
                 schachteln:
  \begin{itemize}
    \item Beim Schachteln ist darauf zu achten, da"s
          die Umgebungen richtig wieder beendet werden.
    \item Einr"uckung und Bezeichnung der Elemente
          werden entsprechend dem Typ gew"ahlt.
  \end{itemize}
  \item        usw.
\end{enumerate}
```

sieht in der Ausgabe folgendermaßen aus:

Aufzählungen:

1. Bei **enumerate** werden die Elemente mit Ziffern oder Buchstaben numeriert.

1a. Die Numerierung erfolgt automatisch.

2. Man kann auch verschiedene Listentypen schachteln:

   - Beim Schachteln ist darauf zu achten, daß die Umgebungen richtig wieder beendet werden.

   - Einrückung und Bezeichnung der Elemente werden entsprechend dem Typ gewählt.

3. usw.

Schachtelt man verschiedene Listentypen, kann man bis zu einer Schachtelungstiefe von sechs gehen. Danach erhält man die folgende Fehlermeldung von LaTeX: ! **Too deeply nested.**

Die description-Umgebung

Die Umgebung `description` eignet sich für Beschreibungen. Hier gibt man nach dem \item in eckigen Klammern den beschreibenden Begriff an. Dieser wird in fetter Schrift ausgegeben. Durch die Angabe eines anderen Schrifttyps in eckigen Klammern kann man diese Voreinstellung ändern. Entfällt das (optionale) Argument, wird keine erkennbare Markierung gemacht.

Beispiel:

```
Kleine \TeX{}kunde:
\begin{description}
  \item[DANTE e.V.:]
    Ein junger Verein, der ...
  \item[\sf\TeX{} Users Group:]
    Ein etwas "alterer Verein, der ...
  \item[Donald E.\ Knuth:]
    "'The Grand Old Wizzard of \TeX"', der ...
\end{description}
```

sieht in der Ausgabe folgendermaßen aus:

Kleine TEXkunde:

DANTE e.V.: Ein junger Verein, der langsam seinen Kinderschuhen entwächst.

TEX Users Group: Ein etwas älterer Verein, der schon verschiedene Krisen überstanden hat.

Donald E. Knuth: „The Grand Old Wizzard of TEX", der erneut sein Können unter Beweis stellte und TEX 3.0 schrieb.

5.6.2 Allgemeine Listen

Allgemeine Listen sind Listen, bei welchen die Benutzer deren Aussehen selbst gestalten, d.h. die Tiefe der Einrückung, den Abstand zwischen den einzelnen Absätzen, die Markierungsart der einzelnen Punkte, etc. selbst definieren.

Die list-Umgebung

Die Syntax der list-Umgebung lautet:

```
\begin{list}{markendefinition}{listendefinition}
  \item  Text
  \item  Text
  \item  Text
\end{list}
```

wobei markendefinition die Definition der Markierung ist, die durch den \item-Befehl ohne optionalen Parameter erzeugt werden soll.

Das Argument listendefinition erlaubt es, einige oder alle verfügbaren Listenparameter abweichend von den Standardwerten auf beliebige, vom Benutzer bestimmte Werte zu setzen. Dies geschieht, da es sich um Längen handelt, über die Anweisungen \setlength oder \addtolength. Wie sich eine Liste aufbaut, kann man Anhang E entnehmen.

Als Listenparameter stehen zur Verfügung:

\topsep Vertikaler Zwischenraum, der zusätzlich zu \parskip zwischen den vorangehenden Text und die Liste bzw. die Liste und den nachfolgenden Text eingefügt wird.

41

\partopsep Abstand, der zusätzlich zu \topsep und \parskip vor und nach der Liste eingefügt wird, wenn zwischen dem vorangehenden Text und dem ersten \item bzw. nach dem letzten \item und dem nachfolgenden Text eine Leerzeile auftritt.

\parsep Abstand zwischen den Absätzen eines \item. Entspricht der Länge \parskip im normalen Text.

\itemsep Abstand, der zusätzlich zu \parsep zwischen zwei aufeinanderfolgende \item eingefügt wird.

\leftmargin Linke Einrückungstiefe gegenüber dem linken Rand der augenblicklichen Umgebung.

\rightmargin Rechte Einrückungstiefe gegenüber dem rechten Rand der augenblicklichen Umgebung.

\listparindent Einrückungstiefe der ersten Zeile eines Absatzes innerhalb eines \item gegenüber dem linken Rand des Listentextes. Entspricht der Länge \parindent im normalen Text.

\labelwidth Breite des Markierungsfeldes der Standardmarke. Die Markierung erscheint in diesem Feld rechtsbündig.

\labelsep Abstand zwischen der Markierung und dem Listentext.

Um die Einträge einer Liste automatisch zu numerieren, muß die Listendefinition die Anweisung \usecounter{zaehler} enthalten. zaehler ist der Name eines Zählers, der zuvor (außerhalb der Umgebung) mit \newcounter{zaehler} festgelegt wurde. Der Zähler wird zu Beginn der Liste auf 0 gesetzt und vor jedem \item ohne optionalen Parameter um 1 erhöht.

Beispiel:

```
\newcounter{grA}
\begin{list}{\Roman{grA}-A}{
          \usecounter{grA}
          \setlength{\leftmargin}{5em}
          \setlength{\labelwidth}{4em}
          \setlength{\labelsep}{.5em}
          \setlength{\rightmargin}{\leftmargin}
                      }
  \item Dies ist der erste Eintrag.
  \item Dies ist der zweite Eintrag.
  \item Dies ist der dritte Eintrag.
\end{list}
```

Bei dieser Liste wird ein zuvor definierter Zähler (`grA`) als Teil der Markierung verwendet und zwar in Form von großen römischen Buchstaben. In der Listendefinition wird nur ein Teil der zur Verfügung stehenden Parameter gesetzt. Die restlichen Parameter werden, so wie sie von LaTeX vorgegeben sind, übernommen. Die Zuweisung des aktuellen Wertes von `\leftmargin` an die Länge `\rightmargin` stellt dabei eine weitere Möglichkeit dar, Längen mit einem Wert zu belegen. Das Ergebnis sieht wie folgt aus:

> I-A Dies ist der erste Eintrag.
>
> II-A Dies ist der zweite Eintrag.
>
> III-A Dies ist der dritte Eintrag.

Die trivlist-Umgebung

Die `trivlist`-Umgebung ist eine sehr eingeschränkte Form der `list`-Umgebung. Sie hat im Gegensatz zu `list` keine Argumente beim Aufruf und verhält sich wie eine `list`-Umgebung, bei der die Werte von `\leftmargin`, `\rightmargin`, `\labelwidth` und `\itemindent` auf 0 gesetzt sind. Im Normalfall findet diese Umgebung nur beim Programmieren von Makros Verwendung. Jedes `\item` muß ein leeres Argument haben.

Beispiel:

```
\begin{trivlist}\centering
  \item[]  Text
\end{trivlist}
```

So hat L. Lamport die `center`-Umgebung definiert.

5.7 Boxen

LaTeX kennt drei verschiedene Typen von Boxen:

1. Horizontale Boxen

   Hier werden die Einzelbestandteile von links nach rechts angeordnet.

2. Absatzboxen

   sind Boxen, die aus Zeilen aufgebaut und (fast) wie ein Absatz gesetzt werden.

3. Rechteckboxen

   sind mit Farbe gefüllte Rechtecke bzw. horizontale oder vertikale Linien.

5.7.1 Horizontale Boxen

Einfache Boxen

Mit folgenden Befehlen kann man einfache Boxen definieren:

```
\mbox{text}
```

bzw.

```
\makebox[breite][pos]{text}
```

\mbox erzeugt eine Box, deren Breite und Höhe durch den in ihr stehenden Text bestimmt wird. Eine solche Box kann man z.B. anwenden, wenn ein Wort nicht getrennt werden soll.

Durch \makebox wird eine Box mit der Breite breite erstellt und der in ihr stehende Text entsprechend dem Parameter pos angeordnet. Für pos kann der Buchstabe l (=linksbündig) oder r (=rechtsbündig) stehen. Wird der Parameter weggelassen, so wird der Text innerhalb der Box zentriert.

Beispiel:

```
Diese Box hat die \mbox{\em Breite} des Wortes.\\
Das ist eine Box  \makebox[1.5cm]{\em der} Breite 1.5cm.\\
Der Inhalt dieser Box ist \makebox[1.5cm][l]{\em links-},
der dieser Box \makebox[1.5cm][r]{\em rechts}b"undig
angeordnet.
```

ergibt:

Diese Box hat die *Breite* des Wortes.
Das ist eine Box   *der*   Breite 1.5cm.
Der Inhalt dieser Box ist *links-*   , der dieser Box   *rechts*bündig angeordnet.

Gerahmte Boxen

Horizontale Boxen kann man auch automatisch rahmen lassen. Dazu gibt es die Anweisungen:

```
\fbox{text}
```

bzw.

```
\framebox[breite][pos]{text}
```

die entsprechend den Befehlen \mbox und \makebox wirken.

Beispiel:

```
Diese Box hat die \fbox{\em Breite} des Wortes.\\
Das ist eine Box \framebox[1.5cm]{\em der} Breite 1.5cm.\\
Der Inhalt dieser Box ist \framebox[1.5cm][l]{\em links-},
der dieser Box \framebox[1.5cm][r]{\em rechts}b"undig
angeordnet.
```

ergibt:

Diese Box hat die $\boxed{Breite}$ des Wortes.

Das ist eine Box $\boxed{\quad der \quad}$ Breite 1.5cm.

Der Inhalt dieser Box ist $\boxed{links-\quad}$, der dieser Box $\boxed{\quad rechts}$bündig angeordnet.

Legt man eine Box mit fester Breite an und der Text paßt nicht in die Box, so wird je nach Wahl des Parameters **pos** über die Box hinausgeschrieben.

Beispiel:

```
\framebox[.5em]{Zu viel Text}\\
\framebox[.5em][l]{Immer noch zu viel Text}\\
\framebox[.5em][r]{Auch jetzt noch}
```

ergibt:

$$\text{Zu viel Text}$$
$$\text{Immer noch zu viel Text}$$
$$\text{Auch jetzt noch}$$

Ist so etwas bei \framebox ziemlich unsinnig, finden sich mit dem Befehl \makebox sinnvolle Anwendungen.

Beispiel:

```
\makebox[0pt][r]{Box\ \ \ }
```

Wird damit eine Zeile begonnen, so erscheint der Begriff aus der geschweiften Klammer auf dem linken Rand.

Zusätzliche Box-Parameter

Bei \fbox und \framebox können zwei Maße verändert werden:

\fboxrule bestimmt die Liniendicke der Rahmen.

Beispiel:

```
\addtolength{\fboxrule}{1mm}\fbox{Trauerkarte}
```

ergibt:

> **Trauerkarte**

\fboxsep bestimmt den Leerraum zwischen dem Rahmen und dem Text.

Beispiel:

```
\setlength{\fboxsep}{1mm}\fbox{\fbox{Anzeige}}
```

ergibt:

> Anzeige

Boxen abspeichern

Will man die gleiche \mbox oder \makebox an mehreren Stellen verwenden, so kann man sie auch abspeichern. Das hat den Vorteil, daß sie nur einmal definiert wird, z.B. am Anfang des Dokuments, und dann über einen bestimmten Namen abgerufen werden kann. Dies geschieht in folgenden drei Schritten:

1. Mit dem Befehl

   ```
   \newsavebox{\name}
   ```

   wird eine Box mit Namen \name, der vom Benutzer frei gewählt werden kann, eingeführt. Der Name unterliegt den Konventionen, die bereits in Kapitel 1.1.1 genannt wurden.

2. Mit dem Befehl

   ```
   \sbox{\name}{text}
   ```

   bzw.

   ```
   \savebox{\name}[breite][pos]{text}
   ```

   wird entsprechend den Befehlen \mbox bzw. \makebox eine Box mit Inhalt **text** erzeugt und gespeichert.

3. Mit dem Befehl

   ```
   \usebox{\name}
   ```

kann dann die Box \name an jeder beliebigen Stelle aufgerufen werden.

Beispiel:

```
\newsavebox{\achtung}
\sbox{\achtung}{\fbox{\fbox{\sc Achtung!}}}
\usebox{\achtung} \usebox{\achtung} \usebox{\achtung}
```

ergibt:

$$\boxed{\boxed{\text{ACHTUNG!}}} \quad \boxed{\boxed{\text{ACHTUNG!}}} \quad \boxed{\boxed{\text{ACHTUNG!}}}$$

Boxen vertikal verschieben

Mit dem Befehl

```
\raisebox{lift}[oberlaenge][unterlaenge]{text}
```

wird eine Box vom Typ \mbox erzeugt, die den Text text enthält. Zusätzlich wird die Box um das Maß lift nach oben bzw. bei negativem Wert nach unten verschoben. Das Maß oberlaenge bestimmt die Höhe der Box oberhalb der Grundlinie. Entsprechend hat das Maß unterlaenge Einfluß auf die Tiefe der Box unterhalb der Grundlinie. Ohne diese Angaben nimmt LaTeX die sich aus dem Text ergebenden Werte.

Beispiel:

```
Eine \raisebox{1ex}{\em nach oben} verschobene Box.
Und eine \raisebox{-1ex}{\em nach unten} verschobene Box.
```

ergibt:

Eine *nach oben* verschobene Box. Und eine *nach unten* verschobene Box.

Diesen Mechanismus kann man auch verwenden, wenn man ein Zeichen über ein anderes setzen will.

Beispiel:

```
a\hspace{-.16cm}\raisebox{.12cm}{\footnotesize *}
```
↝ a*

5.7.2 Absatzboxen

Eine Absatzbox ist eine Box, in welcher der Text im *paragraph mode* gesetzt wird, d.h. wie ein Absatz behandelt wird. Es gibt zwei Möglichkeiten, solch eine Box zu erzeugen: Das Kommando \parbox und die Umgebung minipage:

```
\parbox[pos]{breite}{text}
```

bzw.

```
\begin{minipage}[pos]{breite}
  Text
\end{minipage}
```

Bei diesen beiden Alternativen entstehen Boxen der Breite **breite**, in denen Text über mehrere Zeilen und auch Absätze hinweg gesetzt werden kann. Der Zeilenumbruch erfolgt wie in einer normalen Seiten automatisch im Blocksatz. Innerhalb einer solchen Gruppe bzw. Umgebung können nahezu alle Möglichkeiten von LaTeX genutzt werden. Davor und danach wird kein vertikaler Abstand gemacht, d.h. man kann mehrere Boxen nebeneinander setzen. Allerdings bedeutet das auch, daß man selbständig dafür sorgen muß, daß auch ein Abstand gemacht wird, falls man einen solchen wünscht.

Die vertikale Positionierung innerhalb der Box wird durch den Parameter **pos** bestimmt. Bei b wird die unterste Zeile der Box auf die laufende Zeile ausgerichtet, bei t die oberste Zeile der Box. Ohne Angabe des Parameters wird der Inhalt der Box vertikal zentriert.

Beispiel:

```
\parbox{4.2cm}{Zeilenumbruch in kleinen Absatzboxen ist
  sehr schwer.}\ Man kann \
\parbox{4.2cm}{erwarten, da"s man eine Menge "Arger
  mit dem Zeilenumbruch bekommt.}
```

ergibt:

Zeilenumbruch in kleinen Absatzboxen ist sehr schwer. Man kann erwarten, daß man eine Menge Ärger mit dem Zeilenumbruch bekommt.

Benutzt man den Befehl \footnote in einer minipage-Umgebung, so erscheint die Fußnote am Ende der Box und wird anstelle von arabischen Ziffern mit kleinen Buchstaben ausgegeben. Schachtelt man minipage-Umgebungen, dann kann die Fußnote eventuell unter der falschen Box erscheinen.

5.7.3 Rechteckboxen

Eine Rechteckbox ist ein Rechteck, das mit schwarzer Farbe gefüllt ist. Im Normalfall werden damit vertikale oder horizontale Linien und Balken gezogen:

```
\rule[lift]{breite}{hoehe}
```

Damit wird ein schwarzes Rechteck der Breite **breite** und der Höhe **hoehe** erzeugt. **lift** erhöht, bzw. senkt das Zeichen bezüglich der Grundlinie, je nachdem, ob die Maßangabe positiv oder negativ ist.

Beispiel:

`\rule{1em}{1ex}` ⤳ ▬

`\rule[1ex]{5em}{1ex}` erzeugt folgendes Rechteck ▬▬▬▬, das um **1ex** von der Grundlinie nach oben verschoben ist.

Mit diesem Prinzip kann man die zuvor beschriebenen Boxen auch in der Höhe variieren. Dazu benutzt man eine Rechteckbox der Breite 0, also eine unsichtbare Linie mit einer bestimmten Höhe als Stütze.

Beispiel:

```
Das ist eine nach \fbox{\rule{0em}{3ex}\em oben}
  verl"angerte Box.\\[5pt]
Und das ist eine nach \fbox{\rule[-1ex]{0em}{3ex}%
    \em oben und unten} verl"angerte Box.
```

ergibt:

Das ist eine nach │ *oben* │ verlängerte Box.

Und das ist eine nach │ *oben und unten* │ verlängerte Box.

5.8 Tabellen

In LaTeX gibt es zwei verschiedene Methoden, Tabellen zu setzen. Die eine ist mehr dem Prinzip der Schreibmaschine nachempfunden und kann „im Flug" verändert werden. Die andere stammt aus dem Buchsatz und wird als Gesamtheit zu Beginn definiert. Beide Methoden haben Vor- und Nachteile. Mit welcher man arbeitet, hängt davon ab, was man erreichen will.

5.8.1 Die tabbing-Umgebung

In dieser Umgebung wird der Text spaltenweise ausgerichtet, indem man Tabulatoren setzt (wie bei einer Schreibmaschine).

Die Tabulatoren werden mit \= festgelegt. Sind sie einmal definiert, rückt man mit \> zur nächsten Spalte vor. Durch \\ wird eine neue Zeile begonnen.

Beispiel:

```
\begin{tabbing}
  Zimmer- \=  Garten-    \\
  Begonie \>  Hyazinthe \=  Wildpflanzen\\
          \>  Tulpe      \>  Enzian\\
  alle bl"uhend
\end{tabbing}
```

ergibt die folgende Tabelle:

```
Zimmer- Garten-
Begonie  Hyazinthe Wildpflanzen
         Tulpe      Enzian
alle blühend
```

Bei der **tabbing**-Umgebung muß man auf die horizontalen Abstände achten. Ist eine Spaltenbreite festgelegt, hält sich LaTeX genau an dieses Maß. Leerzeichen bei der Definition werden wie immer behandelt — eines ist signifikant, alle weiteren werden ignoriert!

Beispiel:

```
\begin{tabbing}
  Eine schmale             \= Spalte.     \\
  Diese ist viel zu breit. \> / / / / / / /
\end{tabbing}
```

ergibt trotz der Leerzeichen bei der Definition:

```
Eine schmale Spalte.
Diese ist viel zu breit. / / /
```

Dieses Problem kann man über eine unsichtbare Musterzeile lösen. Wird eine Zeile mit \kill beendet, so dient die Zeile als Musterzeile für die Tabelle und wird nicht in die Ausgabe übernommen. Das heißt, LaTeX übernimmt zwar das Maß, setzt diese Zeile aber nicht.

Beispiel:

```
\begin{tabbing}
  Dies \= ist die \= Musterzeile \kill
  Sie  \> legt     \> die Spalten fest\\
  z.B. \> so breite Spalten
\end{tabbing}
```

sieht in der Ausgabe folgendermaßen aus:

Sie   legt   die Spalten fest
z.B. so breite Spalten

Innerhalb der **tabbing**-Umgebung erfolgt bei Bedarf ein Seitenumbruch. Allerdings hat der Befehl **\newpage** keine Wirkung. Das kann man dadurch umgehen, daß man einen großen Zeilenabstand nach dem Befehl \\ angibt, wodurch ein Seitenumbruch erzwungen wird.

Beispiel: **\\[10cm]**

Zeilen werden bei **tabbing** nicht automatisch umgebrochen. Jede Zeile reicht so weit, bis sie durch \\ beendet wird, selbst wenn das weit mehr ist, als in die Textbreite passen würde. Außerdem können **tabbing**-Umgebungen nicht geschachtelt werden.

Zusätzlich zu dem Beschriebenen gibt es noch die Möglichkeit, Tabulatoren permanent zu verändern, abzuspeichern und zurückzurufen — und das Aussehen der Tabelle „im Flug" zu modifizieren. Mit der Anweisung \+ rückt man wie bei \> um einen Tabulatorstop weiter, gleichzeitig wird diese Stelle dann dauerhaft als linker Rand gesetzt. Der Befehl \- hat die umgekehrte Wirkung. Durch ihn wird der linke Rand dauerhaft um einen Tabulatorstop zurückgesetzt. Mit \< kann die laufende Zeile um einen Tabulatorstop zurückgesetzt werden. Ein Zurücksetzen über den „nullten" Tabulatorstop hinaus ist nicht erlaubt.

Mit **\pushtabs** werden die bis dahin gesetzten Tabulatorstops gespeichert und danach gelöscht. Jetzt kann man wieder neue setzen. Mit **\poptabs** werden die gesicherten ursprünglichen Tabulatorstops wieder zurückgewonnen. **\pushtabs** und **\poptabs** können geschachtelt werden, dürfen aber innerhalb einer **tabbing**-Umgebung nur paarweise auftreten.

Mit dem Befehl \' wird ein links von dem Befehl stehender Text mit einem kleinen Abstand vor dem augenblicklichen Tabulatorstop angeordnet. Die Größe des Abstands wird durch **\tabbingsep** festgelegt. Durch \' wird der nachfolgende Text rechtsbündig zum rechten Rand der Umgebung gesetzt.

Da die Anweisungen \=, \', \' in der **tabbing**-Umgebung als Steuerzeichen Verwendung finden, kann man mit ihnen keine

Akzente darstellen. Werden diese Akzente innerhalb der **tabbing**-Umgebung benötigt, stehen statt dessen die Anweisungen \a=, \a' und \a' zur Verfügung.

Die Befehle \hfill, \hrulefill und \dotfill bleiben in dieser Umgebung ohne Wirkung. Der Text in den Spalten wird betrachtet, als stünde er in {...}. Dadurch wirken z.B. Schriftänderungen nur innerhalb dieses Bereichs.

Beispiel:

```
{\tt   \begin{tabbing}
for \= j:=0 to 1000 do                        \kill
for \> j:=0 to 1000 do                        \+\\
     for \= k:=0 to 1000 do                   \\ \<
\{  \>     \> for \= l:=0 to 1000 do          \+\+\\
              for \= m:=0 to 1000 do  \}  \+\\
                  if testattn=1 then\-\-\-\-\-\\
\pushtabs
\ \=begin \= writeln('interrupted');          \+\\
          \> writeln('1 to continue 2 to terminate');\\
          \> readln(i);                       \\
          \> if i=2 then goto 1;              \-\\
     end;                                     \\
\poptabs
writeln('normal end');                        \\
goto 2;                                       \\
1: \>writeln('terminated');                   \\
2: \>interr:=-1; termattn(interr);            \\
end.                         \' (end of programm)
\end{tabbing}   }
```

ergibt das folgende Pascal-Programm:

```
for j:=0 to 1000 do
    for k:=0 to 1000 do
{        for l:=0 to 1000 do
             for m:=0 to 1000 do }
                 if testattn=1 then
  begin writeln('interrupted');
        writeln('1 to continue 2 to terminate');
        readln(i);
        if i=2 then goto 1;
end;
writeln('normal end');
goto 2;
1:  writeln('terminated');
2:  interr:=-1; termattn(interr);
end.                                  (end of programm)
```

5.8.2 Die tabular-Umgebung

Die `tabular`-Umgebung ist die zweite der erwähnten Möglichkeiten, eine Tabelle zu gestalten. Das Aussehen der Tabelle wird zu Anfang beim Aufruf der Umgebung festgelegt und kann innerhalb der Tabelle nur noch temporär geändert werden. Die Syntax des Aufrufs lautet:

```
\begin{tabular}[pos]{spalten}
   Tabellentext
\end{tabular}
```

`pos` gibt an, wie die Tabelle in Bezug auf die laufende Zeile ausgerichtet wird (wie bei Absatzboxen): bei **t** wird die Tabelle nach der oberen Zeile der Umgebung ausgerichtet, bei **b** nach der unteren. Die Voreinstellung ist nach der Mitte der Umgebung.

`spalten` enthält die Satzvorschrift für die Spalten:

l   erzeugt eine Spalte, deren Inhalt linksbündig angeordnet ist.
r   erzeugt eine Spalte, deren Inhalt rechtsbündig angeordnet ist.
c   erzeugt eine Spalte, deren Inhalt zentriert angeordnet ist.

Die Breite der so definierten Spalten ergibt sich aus dem breitesten Spaltenelement.

`p{breite}`	erzeugt eine Spalte mit der Breite `breite`. Der Text in dieser Spalte wird wie ein normaler Absatz mit automatischem Zeilenumbruch gesetzt
`*{n}{...}`	wiederholt n-mal die im zweiten Argument enthaltene(n) Spaltendefinition(en)
`|`	erzeugt einen senkrechten Strich zwischen zwei Spalten[5]
`@{...}`	schafft die Möglichkeit, Text oder Zwischenraum in jeder Spalte an der gleichen Stelle einzufügen

Innerhalb der Tabelle sind folgende Anweisungen möglich:

[5] Auf der PC-Tastatur ist der senkrechte Strich als *durchbrochener* senkrechter Strich zu finden.

`&`	zum Trennen der einzelnen Spalten
`\\`	erzeugt den Zeilenumbruch
`\hline`	ergibt eine waagrechte Linie über alle Spalten
`\cline{a-b}`	zeichnet eine waagrechte Linie über die Spalten a-b. Für a und b sind die Nummern der Anfangs- und Endspalte einzusetzen. Soll die Linie nur über eine Spalte gehen, so ist für a und b die Nummer dieser Spalte einzusetzen.
`\multicolumn{n}{spalten}{text}`	faßt die nächsten n Spalten zu einer Spalte zusammen. Das Argument **spalten** gibt die Satzvorschrift für die Spalte an (s.o.); **text** ist der Text in dieser Spalte

Beispiel:

```
\begin{tabular}{lcr}
Name              & Stra"se     & Ort          \\[3pt]
Agatha Christie & Arsenstr. 1 & London       \\
Alice             & Im 12345    & Wunderland   \\
Bilbo Beutlin     & Beutel 3    & Hobbitland   \\
Donald Duck       & Im Teich 5  & Entenhausen
\end{tabular}
```

ergibt in der Ausgabe:

Name	Straße	Ort
Agatha Christie	Arsenstr. 1	London
Alice	Im 12345	Wunderland
Bilbo Beutlin	Beutel 3	Hobbitland
Donald Duck	Im Teich 5	Entenhausen

Will man dieselbe Tabelle mit senkrechten und waagrechten Linien versehen, gibt man das in der Spaltendefinition mit senkrechten Strichen und nach jeder Zeile mit `\hline` an.

Beispiel:

```
\begin{tabular}{|l||c|r|}                          \hline
Name              & Stra"se     & Ort          \\ \hline\hline
Agatha Christie & Arsenstr. 1 & London       \\ \hline
Alice             & Im 12345    & Wunderland   \\ \hline
Bilbo Beutlin     & Beutel 3    & Hobbitland   \\ \hline
Donald Duck       & Im Teich 5  & Entenhausen  \\ \hline
\end{tabular}
```

ergibt in der Ausgabe:

Name	Straße	Ort
Agatha Christie	Arsenstr. 1	London
Alice	Im 12345	Wunderland
Bilbo Beutlin	Beutel 3	Hobbitland
Donald Duck	Im Teich 5	Entenhausen

Zusätzlich kann man eine Überschrift über alles setzen (mit Hilfe von \rule mit geeigneter Höhe), mehrere Zeilen optisch zusammenfassen und (mit Hilfe von \raisebox) Zeilen vertikal verschieben.

```
\begin{tabular}{|l||c|r|c|}
\hline
\multicolumn{4}{|c|}{\rule[-.2cm]{0cm}{.6cm}%
                     \bf Verschiedene Adressen}            \\
\hline
Name                 & Stra"se      & Ort           & Kommentar \\
\hline\hline
Agatha Christie & Arsenstr. 1 & London        &              \\
\cline{1-3}
Alice                & Im 12345     & Wunderland &
                     \raisebox{.2cm}[0cm][0cm]{Frauen}\\
\hline
Bilbo Beutlin        & Beutel 3     & Hobbitland &              \\
\cline{1-3}
Donald Duck          & Im Teich 5  & Entenhausen&
                     \raisebox{.2cm}[0cm][0cm]{M"anner}\\
\hline
\end{tabular}
```

Die damit erzeugte Ausgabe:

Verschiedene Adressen			
Name	Straße	Ort	Kommentar
Agatha Christie	Arsenstr. 1	London	Frauen
Alice	Im 12345	Wunderland	
Bilbo Beutlin	Beutel 3	Hobbitland	Männer
Donald Duck	Im Teich 5	Entenhausen	

5.9 Gleitumgebungen

In LaTeX stehen sogenannte *gleitende Umgebungen* zur Verfügung, in die Text eingefügt und mit Unter- oder Überschrift versehen werden kann. Solche Gleitumgebungen werden normalerweise für Anschauungsmaterial (Tabellen, Bilder, Grafiken) verwendet, die in ihrer Gesamtheit bestehen bleiben sollen und eine Beschriftung erhalten. Sie können (nahezu) an beliebiger Stelle von LaTeX plaziert werden, da meist nur auf sie verwiesen wird („siehe Tabelle xyz").

5.9.1 Die table- und figure-Umgebung

Die Umgebung `figure` wird für Abbildungen und Figuren verwendet. Die Umgebung `table` für tabellarisches Material. Beide Umgebungen verhalten sich fast gleich. Sie unterscheiden sich nur durch die Unter- bzw. Überschrift, die mit der Anweisung `\caption` erzeugt wird.

Abbildungen und Tabellen sind in sich geschlossene Elemente eines Textes. Sie können also nicht durch einen Seitenumbruch aufgeteilt werden. Man kann aber ihre Positionierung auf der Seite beeinflussen. Die Syntax der Umgebung lautet:

```
\begin{figure}[loc]
...
\end{figure}
```

bzw.

```
\begin{table}[loc]
...
\end{table}
```

wobei `loc` die Positionierung der Tabelle bzw. Abbildung im fortlaufenden Text bestimmt. Es können mehrere Alternativstellen (bis zu 4) angegeben werden, aus welchen LaTeX sich die am besten geeignete aussucht:

h Die Positionierung erfolgt genau an der Stelle im Text, an der die Umgebung steht. Diese Angabe ist bei Verwendung von `twocolumn` nicht möglich.

t Die Positionierung erfolgt zu Beginn der folgenden Seite. Der normale Fließtext wird durchgehend weiter gesetzt.

b Die Positionierung erfolgt am Ende der Seite, die mit Fließtext aufgefüllt wird. Diese Angabe ist bei Verwendung von `twocolumn` nicht möglich.

p Alle Tabellen bzw. Abbildungen werden auf eigenen Seiten ausgegeben, die nur Tabellen bzw. Abbildungen enthalten.

Die oben aufgeführten Angaben sind optional, d.h. sie können auch entfallen. Voreinstellung ist dann `tbp`.

Einige Regeln, nach welchen LaTeX die Plazierung an der *frühest möglichen Stelle* vornimmt, sind folgende:

• Keine Tabelle bzw. Abbildung erscheint früher, als sie definiert ist.

- Die Ausgabe von Tabellen bzw. Abbildungen erfolgt in der Reihenfolge des Auftretens ihrer Definition, d.h. Tabelle 3 kann nie vor Tabelle 2 erscheinen.

- Enthält `loc` die Kombination `ht`, so geht `h` vor, auch wenn `t` eher möglich wäre. Ansonsten wird aus den Angaben die Idealste gewählt.

- Tabellen bzw. Abbildungen werden nur an Stellen ausgegeben, die durch `loc` definiert sind. Fehlt das Argument, wird die Standardeinstellung `tbp` genommen.

- Die Plazierung einer Tabelle bzw. Abbildung kann nie die Warnung `Overfull \hbox` erzeugen.

Mit den Anweisungen

```
\clearpage
```

bzw.

```
\cleardoublepage
```

werden bisher unbearbeitete Tabellen bzw. Abbildungen unabhängig von ihren Positionierungsangaben sofort ausgegeben. Das kann nötig werden, wenn LaTeX Schwierigkeiten mit der Plazierung der Abbildungen bzw. Tabellen hat und deshalb zu viel Material in seinem Speicher hält. Das führt zum Abbruch des Durchlaufs mit der Meldung `TeX capacity exceeded ...` Allerdings bewirken die beiden Anweisungen auch einen Seitenumbruch!

5.9.2 Beschriftung von Gleitumgebungen

Will man eine Gleitumgebung beschriften, geschieht das über die Anweisung `\caption`:

```
\caption[kurzform]{beschriftung}
```

wobei **beschriftung** für den Beschriftungstext steht und **kurzform** eine Kurzform der Beschriftung enthalten kann, die in das entsprechende Verzeichnis übernommen werden soll. Dieser Parameter ist optional. Entfällt er, wird der Text von **beschriftung** in das Verzeichnis übernommen. Ob dieser Text ober- oder unterhalb des Materials erscheint, hängt davon ab, an welcher Stelle er in der Eingabe steht.

Tabellen und Abbildungen werden von LaTeX automatisch durchnumeriert, bei **article** fortlaufend über den ganzen Text,

bei **report** und **book** für jedes Kapitel einzeln. Diese aus Kapitel-
und Tabellen- bzw. Abbildungsnummer zusammengesetzte Nummer folgt mit einem Doppelpunkt dem Text *Figure* bzw. *Table*.
Erst dann kommt der eigentliche Text der Beschriftung.[6]

Man kann ebenso wie bei den Überschriften eines Textes auch
von den Abbildungen und Tabellen Verzeichnisse erstellen lassen. Das geschieht mit den Anweisungen `\listoffigures` bzw.
`\listoftables`, die sich entsprechend der Anweisung `\tableof-`
`contents` verhalten. Die Überschriften der Verzeichnisse lauten
jedoch *List of Figures* bzw. *List of Tables*.

Beispiel:

```
\begin{figure}[h]

\caption[Bildmontage]{In diesen Rahmen wird bei der
entg"ultigen Bearbeitung durch den Verlag ein Bild montiert.
So eine lange Beschriftung kommt nat"urlich nicht ins
Abbildungsverzeichnis.}

\framebox[5cm]{\rule{0cm}{5cm}}

\end{figure}
```

ergibt eine gerahmte Box mit der langen Überschrift. Die Kurzform
„Bildmontage" aus den eckigen Klammern wird im Abbildungsverzeichnis verwendet.

Abbildung 5.1: In diesen Rahmen wird bei der entgültigen Bearbeitung durch den Verlag ein Bild montiert. So eine lange Beschriftung kommt natürlich nicht ins Abbildungsverzeichnis.

---

[6] Zusammen mit der Dokumentstil-Option german wird der Text *Tabelle* bzw.
Figur erzeugt. Bei den Verzeichnissen entsprechend *Tabellenverzeichnis* bzw.
Figurenverzeichnis.

Will man den Inhalt einer Gleitumgebung zentrieren, muß man die Anweisung \centering verwenden:[7]

```
\begin{table}\centering

  \begin{tabular}{lcl}
    Das k"onnte  & jetzt     &  die      \\
    Eingabe      & f"ur eine &  Tabelle \\
    werden.      &           &
  \end{tabular}

  \caption{Tabellenbeispiel}

\end{table}
```

Das Beispiel ergibt eine Tabelle mit Unterschrift, die zentriert in die Umgebung eingepaßt wird:

Das könnte	jetzt	die
Eingabe	für eine	Tabelle
werden.		

Tabelle 5.1: Tabellenbeispiel

---

[7] Eine Gleitumgebung kann zwar in der Umgebung center eingebunden werden, das zeitigt aber nicht in jedem Fall das gewünschte Ergebnis.

Mathematiksatz

Eine der größten Stärken von LaTeX ist der mathematische Formelsatz, der weitgehend der Syntax von *plain TeX* entspricht. Unter den Begriff „mathematischer Formelsatz" fallen sowohl komplette mathematische Formeln als auch einzelne Variablennamen, die sich auf Formeln beziehen, griechische Buchstaben, das Hoch- oder Tiefstellen von Zeichen und Texten, diverse Sonderzeichen und vieles mehr.

Im mathematischen Modus übernimmt LaTeX vollständig die Formatierung. Das schließt auch die Berechnung von Abständen, Schriftart und -größe ein, die in einem normalen Fließtext vom Anwender bestimmt werden. Allerdings ist der Algorithmus, der dahinter steht, so ausgereift, daß man ihm getrost vertrauen kann. Sobald in den mathematischen Modus geschaltet wird, wechselt LaTeX zu besonderen mathematischen Schriften. Alle (Formel-) Buchstaben werden nun in *math italic* gesetzt, Abstände zwischen den einzelnen Zeichen nach den Regeln des Buchsatzes berechnet und die Größe von Formelteilen wie z.B. Exponenten, Indizes und Klammern automatisch angepaßt.

6.1 Umgebungen

6.1.1 Formeln im Text

Mathematische Textteile, die innerhalb eines Absatzes stehen, werden entweder zwischen $ und $, \(und \) oder \begin{math} und \end{math} eingeschlossen. Welche der drei Methoden man wählt, ist dabei wertfrei, da sie nahezu gleichwertig sind.

Beispiel:

```
Wie schon kleine Kinder wissen, ergibt $1+1=2$.
```

bzw.

```
Wie schon kleine Kinder wissen, ergibt \(1+1=2\).
```

bzw.

```
Wie schon kleine Kinder wissen, ergibt
\begin{math} 1+1=2 \end{math}.
```

wird zu:

Wie schon kleine Kinder wissen, ergibt $1 + 1 = 2$.

Die Formel wird dabei in den Text integriert, einen eventuell nöti-
gen Zeilenumbruch nimmt LaTeX an den Stellen, wo er erlaubt ist,
automatisch vor.

6.1.2 Abgesetzte Formeln

Größere mathematische Formeln oder Gleichungen setzt man besser vom normalen Fließtext ab. Dazu werden sie in \[und \] oder
in \begin{displaymath} und \end{displaymath} eingeschlossen, wodurch der *display math mode* eingeschaltet wird. Die Formel wird dadurch zentriert und nach oben und unten vom fortlaufenden Text durch Leerraum abgetrennt. Wieviel Leerraum eingefügt wird, hängt von der gewählten Standard-Schriftgröße ab.

Beispiel:

```
Wie schon kleine Kinder wissen, ergibt
\[ 1 + 1 = 2 \]
Das ist doch ganz klar!
```

bzw.

```
Wie schon kleine Kinder wissen, ergibt
\begin{displaymath}
  1 + 1 = 2
\end{displaymath}
Das ist doch ganz klar!
```

ergibt:

Wie schon kleine Kinder wissen, ergibt

$$1 + 1 = 2$$

Das ist doch ganz klar!

Will man eine abgesetzte Formel mit einer Gleichungsnummer versehen, geht auch das in LaTeX automatisch mit einer eigenen Umgebung:

```
\begin{equation}
  formel
\end{equation}
```

Dadurch wird ebenfalls in den sogenannten *display math mode* gewechselt wie bei `\begin{displaymath}` und `\end{displaymath}` oder `\[` und `\]`, aber zusätzlich eine Numerierung eingeschaltet. Die Gleichungsnummer, die in Abhängigkeit vom Dokumentstil entweder kapitelweise (**book** und **report**) oder fortlaufend durch das ganze Schriftstück (**article**) gebildet wird, erscheint dabei am rechten Rand in Klammern. Setzt man das Beispiel von oben innerhalb einer **equation**-Umgebung, erhält man:

Beispiel:

```
Wie schon kleine Kinder wissen, ergibt
\begin{equation}
  1 + 1 = 2
\end{equation}
Das ist doch ganz klar!
```

ergibt:

Wie schon kleine Kinder wissen, ergibt

$$1 + 1 = 2 \qquad\qquad (6.1)$$

Das ist doch ganz klar!

Um die Numerierung am linken Rand des Schriftstückes auszugeben, steht die Stiloption **leqno** zur Verfügung.

6.1.3 Regeln

Das Setzen im mathematischen Modus unterscheidet sich vom Texmodus vor allem durch folgende Punkte:

1. Leerstellen und Zeilenwechsel haben bei der Eingabe keine Bedeutung, alle Abstände werden nach der Logik der mathematischen Ausdrücke automatisch bestimmt oder müssen durch spezielle Befehle wie z.B. `\qquad` angegeben werden.

   Beispiel:

   ```
   \begin{equation}
     \forall x \in R: \qquad x^{2} \geq 0
   \end{equation}
   ```

ergibt:

$$\forall x \in R: \qquad x^2 \geq 0 \qquad (6.2)$$

2. Leerzeilen sind verboten. Mathematische Formeln müssen innerhalb eines Absatzes stehen.

3. Jeder einzelne Buchstabe wird als Name einer Variablen betrachtet und entsprechend gesetzt (kursiv mit zusätzlichem Abstand). Will man innerhalb eines mathematischen Textes normalen Text (in aufrechter Schrift, mit normalen Wortabständen) setzen, muß man diesen Text in eine \mbox{...} einschließen, um für die Dauer dieser Box den mathematischen Modus zu verlassen.

Beispiel:

```
\begin{equation}
  x^{2} \geq 0\qquad \mbox{f"ur alle } x\in R
\end{equation}
```

ergibt:

$$x^2 \geq 0 \qquad \text{für alle } x \in R \qquad (6.3)$$

Man beachte dabei, daß nach „für alle" vor der schließenden Klammer ein Leerzeichen stehen muß.

6.2 Konstruktionselemente

6.2.1 Exponenten und Indizes

Das Steuerzeichen für das Hochstellen (Exponent) von Text in LaTeX ist das Dach (^), das Zeichen für Tiefstellen (Index) ist der Unterstreichungsstrich (_). Der eigentliche Exponent bzw. Index muß dabei in geschweiften Klammern eingeschlossen folgen.

Beispiel:

```
Seien $a$ und $b$ die Katheten und $c$ die Hypotenuse, dann
gilt $c^{2}=a^{2}+b^{2}$ (Pythagor"aischer Lehrsatz).
```

ergibt in der Ausgabe:

Seien a und b die Katheten und c die Hypotenuse, dann gilt $c^2 = a^2 + b^2$ (Pythagoräischer Lehrsatz).

Beim Hoch- bzw. Tiefstellen wird der Exponent bzw. Index verkleinert, bei erneutem Hoch- bzw. Tiefstellen wird ein zweites Mal
verkleinert.

Beispiel:

`$2^{2}$`	$\leadsto$	2^2	`$2_{2}$`	$\leadsto$	2_2

$2\verb|^{2}|$ $\leadsto$ 2^2 `$2_{2}$` $\leadsto$ 2_2

`$2^{2}$` $\leadsto$ 2^2 `$2_{2}$` $\leadsto$ 2_2

`$x^{2y}$` $\leadsto$ x^{2y} `$x_{2y}$` $\leadsto$ x_{2y}

`$x^{2^{2}}$` $\leadsto$ x^{2^2} `$x_{2_{2}}$` $\leadsto$ x_{2_2}

Auch die Kombination von Hoch- und Tiefstellen ist möglich. Dazu muß man nur die beiden Befehlselemente aneinanderhängen.
Die Reihenfolge ist dabei gleichgültig. Es ist auf jeden Fall gewähr-
leistet, daß Exponent und Index übereinander positioniert werden.

Beispiel:

`$x_{1}^{2}$` $\leadsto$ x_1^2

`$y^{3}_{n^{2}}$` $\leadsto$ $y^3_{n^2}$

Die Anweisungen zum Hoch- bzw. Tiefstellen sind nur im mathematischen Modus erlaubt.

6.2.2 Übereinandersetzen von Zeichen

Mit der Anweisung `\stackrel{}{}` kann man Zeichen übereinander setzen. Im ersten Klammernpaar wird angegeben, was hoch
gesetzt werden soll (wird wie ein Exponent gesetzt). Das zweite Klammernpaar enthält das Zeichen, über das das erste gesetzt
werden soll.

Beispiel:

```
$ A \stackrel{a'}{\rightarrow}
      B \stackrel{b'}{\rightarrow} C$
```

ergibt:

$$A \stackrel{a'}{\rightarrow} B \stackrel{b'}{\rightarrow} C$$

6.2.3 Punkte

Um in Formeln 3 Punkte zu erzeugen, verwendet man die Anweisungen `\ldots`, `\cdots` `\vdots` und `\ddots`. `\ldots` setzt die
Punkte auf die Grundlinie, `\cdots` in die Mitte der Operatoren,
`\vdots` in die Zeile vertikal und `\ddots` diagonal in die Zeile.

Beispiel:

```
$x_{1},x_{2},x_{3}, \ldots,x_{n}$     x_1, x_2, x_3, ..., x_n
$x_{1}+x_{2}+x_{3}+ \cdots+x_{n}$     x_1 + x_2 + x_3 + ... + x_n
```

6.2.4 Abstände

Wenn man mit den von LaTeX gewählten Abständen innerhalb von Formeln nicht zufrieden ist, kann man sie mit besonderen Befehlen verändern. Die wichtigsten sind \\, für einen sehr kleinen Abstand, \␣ für den Abstand eines Leerzeichens, \quad und \qquad für große Abstände sowie \! für das Verringern eines Abstands. Die Darstellung der Abstände findet man in Anhang F.3.1.

Beispiel:

```
\begin{displaymath}
  F_{n} = F_{n-1} + F_{n-2} \qquad n \geq 2
\end{displaymath}
```

ergibt:

$$F_n = F_{n-1} + F_{n-2} \qquad n \geq 2$$

```
\begin{displaymath}
  \int\!\!\!\!\int_{D} \mbox{d}x\,\mbox{d}y \quad
  \mbox{statt} \quad \int\int_{D} \mbox{d}x \mbox{d}y
\end{displaymath}
```

ergibt:

$$\iint_D \mathrm{d}x\,\mathrm{d}y \quad \text{statt} \quad \int\int_D \mathrm{d}x\mathrm{d}y$$

6.2.5 Wurzelzeichen

Das Wurzelzeichen wird mit \sqrt erzeugt, n-te Wurzeln mit \sqrt[n]. Die Größe des Wurzelzeichens wird von LaTeX automatisch gewählt.

Beispiel:

```
$\sqrt{x}$                      √x

\[\sqrt{ x^{2}+\sqrt{y} }\]     √(x² + √y)

$\sqrt[3]{2}$                   ³√2
```

6.2.6 Brüche

Ein Bruch wird durch die Anweisung \frac{...}{...} gesetzt,
wobei der erste Parameter den Zähler, der zweite den Nenner ergibt. Für einfache Brüche kann man auch einen schlichten Schräg-
strich (/) verwenden.

Beispiel:

$1\frac{1}{2}$~Stunden $\leadsto$ $1\frac{1}{2}$ Stunden

$\frac{x^{2}}{k+1}$ $\leadsto$ $\frac{x^2}{k+1}$

\[x^{\frac{2}{k+1}}\] $\leadsto$ $x^{\frac{2}{k+1}}$

$x^{ 1/2 }$ $\leadsto$ $x^{1/2}$

6.2.7 Integral- und Summenzeichen

Das Integralzeichen wird mit dem Befehl \int eingegeben, das
Summenzeichen mit \sum erzeugt. Die obere und untere Grenze
werden mit ^ bzw. _ wie beim Hoch- und Tiefstellen angegeben.

   Im Zeilenmodus werden die Grenzen normalerweise neben
das Integral- bzw. Summenzeichen gesetzt (um Platz zu sparen).
Durch Einfügen des Befehls \limits wird erreicht, daß die Grenzen oberhalb und unterhalb der Zeichen gesetzt werden.

   Bei abgesetzten Formeln hingegen werden beim Summenzeichen die Grenzen über und unter das Zeichen, bei der Angabe von
\nolimits neben das Summenzeichen gesetzt. Beim Integral werden die Grenzen neben das Zeichen gesetzt, mit \limits darunter
und darüber.

Beispiel:

Im Zeilenmodus werden die Formeln folgendermaßen dargestellt:

$\sum_{i=1}^{n}$ $\leadsto$ $\sum_{i=1}^{n}$

$\sum\limits_{i=1}^{n}$ $\leadsto$ $\sum\limits_{i=1}^{n}$

$\int_{0}^{\frac{\pi}{2}}$ $\leadsto$ $\int_{0}^{\frac{\pi}{2}}$

$\int_{0}\limits^{\frac{\pi}{2}}$ $\leadsto$ $\int\limits_{0}^{\frac{\pi}{2}}$

Im *display math mode* sehen die Formeln so aus:

$$\text{\\[\\sum\_\{i=1\}\^\{n\} \\]} \qquad\rightsquigarrow\qquad \sum_{i=1}^{n}$$

$$\text{\\[\\sum\\nolimits\_\{i=1\}\^\{n\} \\]} \qquad\rightsquigarrow\qquad \sum\nolimits_{i=1}^{n}$$

$$\text{\\[\\int\_\{0\}\^\{\\frac\{\\pi\}\{2\}\} \\]} \qquad\rightsquigarrow\qquad \int_{0}^{\frac{\pi}{2}}$$

$$\text{\\[\\int\\limits\_\{0\}\^\{\\frac\{\\pi\}\{2\}\} \\]} \qquad\rightsquigarrow\qquad \int\limits_{0}^{\frac{\pi}{2}}$$

6.3 Symbole und Akzente

6.3.1 Griechische Buchstaben

Kleine griechische Buchstaben (für den Formelsatz) werden als

>   \alpha, \beta, \gamma, usw.

eingegeben, große griechische Buchstaben als

>   {\rm A}, {\rm B}, \Gamma, \Delta, usw.

Für griechische Großbuchstaben, die mit lateinischen Großbuchstaben übereinstimmen, werden die entsprechenden Zeichen in *roman* verwendet. Eine komplette Zusammenstellung der griechischen Zeichen findet man in Anhang F.2.1.

Beispiel:

```
$\lambda, \xi, \pi$        ~>   λ, ξ, π
${\rm A}, \Phi, \Omega$    ~>   A, Φ, Ω
```

Diese griechischen Buchstaben sind aber nicht für normalen Fließtext gedacht, sondern nur als Formelzeichen. Will man griechische Texte schreiben, muß man sich eigene Schriften und Trennmuster dafür besorgen.[1]

---

[1] Näheres dazu findet sich in Anhang A.

6.3.2 Kalligraphische Buchstaben

Im mathematischen Modus stehen alle Großbuchstaben als kalli-
graphische Zeichen zur Verfügung: $\mathcal{A}, \mathcal{B}, \mathcal{C}, \mathcal{D}, \mathcal{E}, \mathcal{F}, \mathcal{G}, \mathcal{H}, \mathcal{I}, \mathcal{J},$
$\mathcal{K}, \mathcal{L}, \mathcal{M}, \mathcal{N}, \mathcal{O}, \mathcal{P}, \mathcal{Q}, \mathcal{R}, \mathcal{S}, \mathcal{T}, \mathcal{U}, \mathcal{V}, \mathcal{W}, \mathcal{X}, \mathcal{Y}, \mathcal{Z}$. Die Zeichen
erhält man über die Anweisung \cal.

Beispiel:

`${\cal A}$, ${\cal B}$, ${\cal C}$` $\leadsto$ $\mathcal{A}, \mathcal{B}, \mathcal{C}$

6.3.3 Mathematische Akzente

Um mathematische „Akzente" wie Pfeile oder Tilden auf Variablen zu setzen, gibt es verschiedene Befehle. Eine längere Tilde und ein Dach, die sich über mehrere (bis zu 3) Zeichen er-
strecken können, erhält man z.B. mit den Befehlen \widetilde
bzw. \widehat. Ableitungszeichen werden mit ' (rechtes Hochkomma) eingegeben.

Beispiel:

`$y'=2x$` $\leadsto$ $y' = 2x$
`$y''=2$` $\leadsto$ $y'' = 2$
`$\widetilde{xyz}$` $\leadsto$ $\widetilde{xyz}$
`$\widehat{ijk}$` $\leadsto$ $\widehat{ijk}$

Eine Auflistung der vorhandenen Akzente aus dem mathematischen Zeichensatz findet man in Anhang F.2.2.

6.3.4 Funktionsnamen

Mathematische Funktionen werden in der Literatur üblicherweise
nicht kursiv wie die Namen von Variablen, sondern in „normaler"
Schrift, d.h. *roman*, dargestellt. Dazu gibt es z.B. für den Sinus
und den Limes die folgenden vordefinierten Anweisungen: \sin
und \lim.

Beispiel:

`$\sin x$` $\leadsto$ $\sin x$
`$\lim_{x \to 0}$` $\leadsto$ $\lim_{x \to 0}$
`$x \equiv a \pmod{b}$` $\leadsto$ $x \equiv a \pmod{b}$

Eine Auflistung der vorhandenen Funktionsnamen findet man in
Anhang F.2.3. Man kann das gleiche natürlich auch mit der Anweisung {\rm *text*} erreichen.

6.4 Weitere Konstruktionselemente

6.4.1 Matrizen

Für Matrizen u.ä. gibt es die `array`-Umgebung, die genauso wie die `tabular`-Umgebung anzuwenden ist.

Beispiel:

```
\begin{displaymath}
  X =
  \begin{array}{cccc}
    x_{11} & x_{12} & \ldots & x_{1n} \\
    x_{21} & x_{22} & \ldots & x_{2n} \\
    \vdots & \vdots & \ddots & \vdots \\
    x_{n1} & x_{n2} & \ldots & x_{nn} \\
  \end{array}
\end{displaymath}
```

ergibt:

$$X = \begin{array}{cccc} x_{11} & x_{12} & \ldots & x_{1n} \\ x_{21} & x_{22} & \ldots & x_{2n} \\ \vdots & \vdots & \ddots & \vdots \\ x_{n1} & x_{n2} & \ldots & x_{nn} \end{array}$$

6.4.2 Gleichungssysteme

Für mehrzeilige Formeln oder Gleichungssysteme verwendet man die Umgebungen `eqnarray` und `eqnarray*` statt `equation`. Bei `eqnarray` erhält jede Zeile eine eigene Gleichungsnummer, bei `eqnarray*` wird genauso wie bei `displaymath` *keine* Nummer gesetzt.[2]

Die Umgebungen `eqnarray` und `eqnarray*` funktionieren wie eine 3-spaltige Tabelle mit dem Satzformat {rcl}, wobei die mittlere Spalte für das Operatorzeichen verwendet wird, nach dem die Zeilen ausgerichtet werden sollen.

Beispiel:

```
\begin{eqnarray}
  f(x)'   & = & \sin(x)   \\
  f(x)''  & = & \cos(x)   \\
  f(x)''' & = & -\sin(x)
\end{eqnarray}
```

[2] Für Gleichungssysteme, die eine *gemeinsame* Nummer erhalten sollen, verwendet man eine `array`-Umgebung innerhalb einer `equation`-Umgebung.

ergibt:

$$f(x)' \quad = \quad \sin(x) \qquad\qquad (6.4)$$
$$f(x)'' \quad = \quad \cos(x) \qquad\qquad (6.5)$$
$$f(x)''' \quad = \quad -\sin(x) \qquad\qquad (6.6)$$

Zu lange Gleichungen in **eqnarray**-Umgebungen werden von LaTeX *nicht* automatisch umgebrochen. Der Autor muß bestimmen, an welcher Stelle abgeteilt und wie weit eingerückt werden soll.[3]

Durch den Befehl \nonumber verhindert man, daß an das Ende der Zeile eine Gleichungsnummer gesetzt wird.

Beispiel:

```
\begin{eqnarray}
  f(x)  & = & a+b+c+d+e+f+g+h+i+j  \nonumber \\
        & & +k+l+m+n+o+p+q+r+s+t \\
  f(y)  & = & x+y+z
\end{eqnarray}
```

ergibt:

$$f(x) \quad = \quad a+b+c+d+e+f+g+h+i+j$$
$$+k+l+m+n+o+p+q+r+s+t \qquad (6.7)$$
$$f(y) \quad = \quad x+y+z \qquad\qquad\qquad (6.8)$$

Die Anweisung \lefteqn{} ermöglicht Ausnahmen von der Spaltenaufteilung innerhalb von **eqnarray**. Es wird der Inhalt der Klammern linksbündig in eine Box der Breite 0 gesetzt, was eine linke Spalte der Breite 0 ergibt.

Beispiel:

```
\begin{eqnarray}
\lefteqn{u+v+w+x+y+z =} \nonumber \\
     & & a+b+c+d+e+f+g+h+i+j \nonumber \\
     & & +k+l+m+n+o+p+q+r+s+t
\end{eqnarray}
```

ergibt:

$$u+v+w+x+y+z =$$
$$a+b+c+d+e+f+g+h+i+j$$
$$+k+l+m+n+o+p+q+r+s+t \qquad (6.9)$$

---

[3] Empfehlung laut Duden dafür: Trennen vor einem Gleichheitszeichen; ist das nicht möglich, vor einem Operationszeichen. Das Zeichen wird nur an den Anfang der neuen Zeile gestellt, nicht auch an das Ende der gebrochenen Zeile.

6.5 Linien und Klammern

6.5.1 Waagrechte

Die Befehle \overline und \underline bewirken waagrechte Striche über bzw. unter einem Ausdruck. \underline ist aber nicht dazu gedacht, Wörter im normalen Text zu unterstreichen.

Beispiel:

`$\overline{m+n}$` $\leadsto$ $\overline{m+n}$

`$x^{\underline{n}}$` $\leadsto$ $x^{\underline{n}}$

Die Befehle \overbrace und \underbrace bewirken waagrechte Klammern über bzw. unter einem Ausdruck.

Beispiel:

`$\underbrace{1+\overbrace{2+3+4}+5}$` $\leadsto$ $1+\overbrace{2+3+4}+5$

Angaben über und unter der Klammer werden wie Exponenten und Indizes geschrieben.

Beispiel:

`$\overbrace{x+y+z}^{>0}$` $\leadsto$ $\overbrace{x+y+z}^{>0}$

`$\underbrace{a+b+c}_{26}$` $\leadsto$ $\underbrace{a+b+c}_{26}$

6.5.2 Variable Senkrechte

Für Klammern und andere Begrenzer gibt es in LaTeX viele verschiedene Symbole (z.B. [⟨ ‖ ↕). Runde und eckige Klammern können über die entsprechenden Tasten eingegeben werden, geschweifte mit \{, die anderen über spezielle Anweisungen (z.B. \updownarrow).

Das „A" und „O" einer gut gesetzten Formel besteht in der richtigen Größe der die Formel umgebenden Begrenzer. Damit hat man in LaTeX keine Schwierigkeiten: Setzt man den Befehl \left vor einen (linken) Begrenzer und den Befehl \right vor einen (rechten) Begrenzer, so wird automatisch die richtige Größe gewählt.

Beispiel:

```
\begin{displaymath}
  1+ \left(\frac{1}{ 1-x^{2} } \right) ^{3}
\end{displaymath}
```

ergibt:

$$1 + \left(\frac{1}{1-x^2}\right)^3$$

\left und \right müssen immer paarweise auftreten. Fall in einem mathematischen Ausdruck nur einer der beiden Begrenzer notwendig ist, so gibt es bei LaTeX auch hier einen Ausweg — anstelle des nicht verwendeten Begrenzers schreibt man einen Punkt.

Beispiel:

```
\begin{displaymath}
\frac{{\rm d}x^{a}}{{\rm d}x}=ax^{a-1} \qquad
\left\{
\begin{array}{ll}
\mbox{f"ur } x \ge 0, & \mbox{falls } a > 1, \\
\mbox{f"ur } x  >  0, & \mbox{falls } a < 1.
\end{array}
\right.
\end{displaymath}
```

ergibt:

$$\frac{\mathrm{d}x^a}{\mathrm{d}x} = ax^{a-1} \qquad \left\{ \begin{array}{ll} \text{für } x \ge 0, & \text{falls } a > 1, \\ \text{für } x > 0, & \text{falls } a < 1. \end{array}\right.$$

6.5.3 Fixe Senkrechte

In manchen Fällen ist es besser, die Größe der Klammern selbst festzulegen. Dazu sind die Befehle \bigl, \Bigl, \biggl und \Biggl anstelle von \left und analog \bigr etc. anstelle von \right anzugeben. Die daraus entstehenden Begrenzer haben folgende Größen:

$$\Biggl(\biggl(\Bigl(\bigl(\quad \bigr)\Bigr)\biggr)\Biggr) \qquad \Biggl\{\biggl\{\Bigl\{\bigl\{ \quad \bigr\}\Bigr\}\biggr\}\Biggr\} \qquad \Biggl[\biggl[\Bigl[\bigl[\quad \bigr]\Bigr]\biggr]\Biggr]$$

Beispiel:

```
\begin{displaymath}
  \Bigl( (x+1) (x-1) \Bigr) ^{2}
\end{displaymath}
```

ergibt:

$$\left((x+1)(x-1) \right)^2$$

Eine komplette Auflistung der Symbole, die entweder automatisch oder selbstbestimmt wachsen können, kann man Anhang F.3.3 entnehmen.

Kapitel 7

Die Bibliographie

Wissenschaftliche Veröffentlichungen enthalten im allgemeinen ein Literaturverzeichnis, auf das im laufenden Text Bezug genommen wird. Um ein solches Verzeichnis bequem erstellen zu können, gibt es in LaTeX die Umgebung **thebibliography**.[1] Diese Umgebung erzeugt eine Liste, die der **enumerate**- bzw. **description**-Umgebung ähnlich ist. Sie besteht aus einem beschreibenden Element, entweder Zahl oder Name, und der eigentlichen Literaturangabe. Entscheidet man sich für Nummern als beschreibendes Element, erledigt LaTeX diese Numerierung automatisch (wie bei **enumerate**), während man bei Namen selbst mitarbeiten muß (wie bei **description**). Die Syntax für solche Bibliographien lautet:

```
\begin{thebibliography}{mustermarke}
  \bibitem[beschr]{markierung}
     Literaturangabe
\end{thebibliography}
```

mustermarke steht dabei für den längsten Eintrag, den das beschreibende Element annehmen kann. Durch diesen Parameter wird die Einrückungstiefe der Liste festgelegt.

\bibitem entspricht **\item** in einer normalen Liste. Entfällt das Argument **beschr**, wird das Verzeichnis automatisch durchnumeriert. Ansonsten wird der Inhalt von **beschr** als beschreibendes Element verwendet. In jedem Fall wird es in der Ausgabe in eckige Klammern eingeschlossen. Der Parameter **markierung** ist eine Markierung, auf die im Text mit dem Kommando **\cite** Bezug genommen werden kann. **markierung** darf aus Buchstaben, Ziffern und Zeichen bestehen.

Die Umgebung **thebibliography** erzeugt automatisch eine Überschrift, die aus dem Begriff *Bibliography* bzw. mit **german** zusammen aus *Literatur* besteht. Bei **book** und **report** wird diese

---

[1] Neben dieser LaTeX-Umgebung gibt es noch ein eigenes Programm namens BibTeX, das sowohl mit LaTeX als auch plainTeX als auch anderen Makropaketen zusammen arbeitet und sehr viel komfortabler ist.

Überschrift als `\chapter*`, bei **article** als `\section*` gesetzt.
Eine alphabetische oder sonstige Sortierung der einzelnen Einträge
muß von Hand vorgenommen werden.

Beispiel:

```
\begin{thebibliography}{Sayers}
\bibitem{sayers}
D.~Sayers: {\em The Nine Taylors\/}, \ldots
\bibitem[Alice]{alice}
L.~Caroll: {\em Alice in Wonderland\/}, \ldots
\bibitem{tolkien}
J.~Tolkien: {\em  The Hobbit\/}, \ldots
\bibitem{busch}
W.~Busch: {\em Die fromme Helene\/}, \ldots
\end{thebibliography}
```

Dabei würden die Einträge zu Sayers und Caroll folgendermaßen aussehen:

> [1] D. Sayers: *The Nine Taylors*, ...
>
> [Alice] L. Caroll: *Alice in Wonderland*, ...

Will man im Text auf einen Titel aus dem Literaturverzeichnis
Bezug nehmen, kann man das über die Anweisung `\cite` machen:

```
\cite[zusatz]{markierung}
```

markierung ist der Name, der bei `\bibitem` vergeben wurde.
zusatz ist ein zusätzlicher Eintrag, der in den Verweis mit aufge-
nommen wird. Der Verweis sieht genauso aus, wie das beschreibende Element im Literaturverzeichnis. Hat man einen Zusatz an-
gefügt, wird er in die eckigen Klammern nach einem Komma eingefügt.

```
In diesem Buch sind verschiedene Zitate
aus~\cite{lamport} zu finden. F"ur die verwendeten
Makros, die f"ur die Eingabe erstellt wurden, wurde
nicht selten~\cite[Anhang]{schwarz} zu Rate gezogen.
```

Diese Eingabe erzeugt (zusammen mit dem Literaturverzeichnis am
Ende dieses Buches) folgende Ausgabe:

In diesem Buch sind verschiedene Zitate aus [3] zu finden. Für die verwendeten Makros, die für die Eingabe erstellt wurden, wurde nicht
selten [4, Anhang] zu Rate gezogen.

Eigene Befehle

Unter eigenen Befehlen versteht man Anweisungen oder Umgebungen, bei welchen man selbst bestimmt, was bei der Ausführung passieren soll. Das kann nützlich sein, wenn man ein besonders langes und umständliches Wort in einem Text immer wieder benutzt und Schreibfehler verhindern will, indem man es in einer kürzeren und einfacher zu tippenden Anweisung unterbringt. Oder die Zusammenfassung von mehreren LaTeX-Anweisungen zu einer. Oder gar eine eigene Umgebung, in der mehrere Umschaltungen vorgenommen und nach Ende der Umgebung wieder rückgängig gemacht werden sollen. Man nennt solche selbstgetroffenen Vereinbarungen auch Makro (bei Einzelbefehlen) oder Makrobibliothek, -sammlung oder einfach Makros (bei einer Ansammlung von vielen Definitionen wie z.B. LaTeX). Eigene Definitionen sollten der Übersichtlichkeit wegen entweder im Vorspann oder in einem eigenen File stehen.

8.1 Theoreme

Mathematiker benutzen häufig Strukturen wie Lemma, Axiom, Beweis und ähnliches. Aber auch Nicht-Mathematiker verwenden solche Strukturen, z.B. Regel, Gesetz, Vermutung, Prinzip und vieles andere mehr. Für solche Anwendungen stellt LaTeX eine Umgebung zur Verfügung, mit der ein gleichbleibender Begriff (z.B. Regel) gefolgt von einer Nummer in Fettdruck gesetzt wird und der dahinter folgende Text in kursiver Schrift wiedergegeben wird. Der Begriff kann dabei frei gewählt werden, alles andere besorgt LaTeX. Die Syntax für solche Strukturen lautet:

```
\newtheorem{aufruf}[num_wie]{Begriff}
```

oder

```
\newtheorem{aufruf}{Begriff}[abschn_zaehler]
```

aufruf steht für das Wort, mit dem die Umgebung später aufgerufen werden soll. Es darf dafür kein Name gewählt werden, der bereits existiert. **Begriff** ist das Wort, das später im Ausdruck erscheinen soll (z.B. Regel). **num_wie** ist der Name einer anderen mit **\newtheorem** definierten Struktur, mit der gemeinsam durchnumeriert werden soll. **abschn_zaehler** ist ein Abschnittszähler (z.B. **chapter**), der der Numerierung vorangestellt werden soll. Man kann nur *entweder* die Syntax mit **num_wie** *oder* die Syntax mit **abschn_zaehler** wählen. Beides gemeinsam geht nicht.

Beispiel für eine einfache Struktur:

```
\newtheorem{reg}{Regel}

\begin{reg}
  Das ist der erste Aufruf der Struktur.
\end{reg}
```

Die Ausgabe sieht folgendermaßen aus:

Regel 1 *Das ist der erste Aufruf der Struktur.*

Oder ein Beispiel für eine kompliziertere Struktur:

```
\newtheorem{axiom}{Axiom}[section]

\begin{axiom}
  Alle Axiome sind \ldots
\end{axiom}
```

Die Ausgabe sieht folgendermaßen aus:

Axiom 8.1.1 *Alle Axiome sind ...*

Will man bei einem bestimmten Aufruf einer Struktur einen Zusatz im Titel haben (also nicht nur den gewählten Begriff), so kann das mit einem optionalen Argument geschehen. Der Zusatz steht in der Ausgabe fettgerdruckt in runden Klammern nach dem Zähler:

```
\begin{aufruf}[zusatz]
  Text
\end{aufruf}
```

Im folgenden Beispiel ist alles gemeinsam verwendet:

```
\newtheorem{satz}{Satz}
\newtheorem{ax}{Axiom}[section]
\newtheorem{hin}[ax]{Hinweis}

In diesem Beispiel soll verdeutlicht werden, wie
verschiedenartig man mit Strukturen arbeiten kann.
```

```
\begin{satz}
  Ein Satz ist ein Gebilde mit vielen Worten und einem
  Satzendezeichen.
\end{satz}
Strukturen werden nach ihrer Definition verwendet wie
normale, von \LaTeX{} vordefinierte Umgebungen.
\begin{ax}
  Was ein Axiom ist, wissen wir bereits aus dem vorherigen
  Beispiel.
\end{ax}
Der Vorteil von solchen Strukturen ist, da"s man selbst
bestimmen kann, wie sie gez"ahlt werden sollen.
\begin{hin}
  Was ein Hinweis ist, wei"s jeder Verkehrsteilnehmer
  (siehe Verkehrshinweis).
\end{hin}
Au"serdem kann man ohne Klimmz"uge einen Zusatz anf"ugen.
\begin{satz}[mathematisch]
  Es gibt auch mathematische S"atze. Die k"onnen aber
  mehrere Satzpunkte haben.
\end{satz}
```

Die Ausgabe sieht folgendermaßen aus:

In diesem Beispiel soll verdeutlicht werden, wie verschiedenartig man
mit Strukturen arbeiten kann.

Satz 1 *Ein Satz ist ein Gebilde mit vielen Worten und einem Satzendezeichen.*

Strukturen werden nach ihrer Definition verwendet wie normale, von
LaTeX vordefinierte Umgebungen.

Axiom 8.1.1 *Was ein Axiom ist, wissen wir bereits aus dem vorherigen Beispiel.*

Der Vorteil von solchen Strukturen ist, daß man selbst bestimmen kann,
wie sie gezählt werden sollen.

Hinweis 8.1.2 *Was ein Hinweis ist, weiß jeder Verkehrsteilnehmer
(siehe Verkehrshinweis).*

Außerdem kann man ohne Klimmzüge einen Zusatz anfügen.

Satz 2 (mathematisch) *Es gibt auch mathematische Sätze. Die können aber mehrere Satzpunkte haben.*

8.2 Eigene Anweisungen

Während der Bearbeitung eines Dokumentes kann es vorkommen,
daß ein und dieselbe Anweisung immer wieder verwendet wird.

Oder daß eine Anweisung mit kleinen Abwandlungen immer wieder auftaucht. Für solche Fälle kann man sich eigene Kommandos schreiben, die eine Zusammenfassung oder Verkürzung bereits vorhandener darstellen oder einfach längere Textpassagen zusammenfassen:

```
\newcommand{\name}[arg]{definition}
```

<table>
<tr><td>name</td><td>ist der Name des neuen Kommandos, mit dem es in der Eingabe aufgerufen wird. Der Name darf noch nirgendwo definiert sein (d.h. weder vom Benutzer noch intern bei TEX/LATEX). Der Name darf außerdem nicht mit \end beginnen.</td></tr>
<tr><td>arg</td><td>ist eine ganze Zahl zwischen 1 und 9, die die Anzahl der möglichen Argumente eines Kommandos angibt. Entfällt die Option, so darf das neue Kommando keine Argumente haben.</td></tr>
<tr><td>definition</td><td>ist die Eingabe, die bei jedem Aufruf des neuen Kommandos eingesetzt wird. Ist die Option arg angeben worden, so wird die Angabe #n in der Definition durch das n-te Argument beim Aufruf ersetzt.</td></tr>
</table>

Man sollte beim Schreiben eigener Anweisungen immer zuerst ausprobieren, wie sich das gewünschte Ergebnis in der normalen Eingabe erzeugen läßt. Danach kann man darangehen, es über \newcommand zu einem eigenen Befehl umzuwandeln.

Beispiele:

```
\newcommand{\DANTE}{DANTE, Deutschsprachige
                    Anwendervereinigung \TeX{} e.V.,}
\DANTE{} ist ein Verein, der es sich zum Ziel gesetzt hat,
\TeX{}-Anwender zu unterst"utzen.
```

wird in der Ausgabe zu:

DANTE, Deutschsprachige Anwendervereinigung TEX e.V., ist ein Verein, der es sich zum Ziel gesetzt hat, TEX-Anwender zu unterstützen.

Man muß sich bei \newcommand darüber im klaren sein, daß das äußerste Klammernpaar von {definition} bei der Ausführung der Anweisung wegfällt. Es dient nur dazu, die Definition zu begrenzen. Das ist vor allem wichtig bei Schriftumschaltungen innerhalb eigener Definitionen.

Die Eingabe

```
\newcommand{\mf}{{\sc Metafont}}
\mf{} ist ein Zeichenprogramm, mit dem die Schriften von
\TeX{} erstellt werden.
```

wird in der Ausgabe zu:

METAFONT ist ein Zeichenprogramm, mit dem die Schriften von TEX erstellt werden.

Das folgende ist ein Beispiel für eine eigene Anweisung mit Parameter. Dadurch ist man in der Lage, eine Anweisung an einer oder mehreren Stellen variabel zu halten, d.h. beim Aufruf unterschiedliche Parameter zu übergeben.

Die Eingabe

```
\newcommand{\gn}[1]{$\Gamma_{#1}$}
Sei \gn{i} eine Zahl \ldots
```

wird in der Ausgabe zu

Sei Γ_i eine Zahl ...

Dieses Kommando ist in dieser Form aber nur außerhalb vom mathematischen Modus anwendbar. Will man solch einen Befehl universeller gestalten, benutzt man besser folgende Definition:

```
\newcommand{\gnn}[1]{\mbox{$\Gamma_{#1}$}}
Sei \gnn{i} eine Zahl und $\gnn{i}+\gnn{n}$ \ldots
```

Damit wird prinzipiell der mathematische Modus durch \mbox aus- und durch $...$ erneut eingeschaltet:

Sei Γ_i eine Zahl und $\Gamma_i + \Gamma_n$ ...

Sind in einer neuen Anweisung mehrere Parameter vorhanden, so bestimmt sich die Zuordnung durch die Reihenfolge beim Aufruf, d.h. der Inhalt des ersten Klammernpaares beim Aufruf wird #1 in der Definition zugeordnet, der Inhalt des zweiten dem von #2, der des dritten dem von #3 usw. Dadurch könnte man auch solche (eigentlich) unsinnigen Definitionen wie die folgende treffen:

Die Eingabe

```
\newcommand{\Beispiel}[3]{Das ist ein #3#1 Beispiel
    f"ur #2.}

\Beispiel{unsinniges}{ein eigenes Kommando}{besonders }\\
\Beispiel{gelungenes}{newcommand}{}
```

wird in der Ausgabe zu

Das ist ein besonders unsinniges Beispiel für ein eigenes Kommando. Das ist ein gelungenes Beispiel für newcommand.

Soll eine variable Stelle der Definition einmal nicht ausgefüllt werden, kann man einfach ein leeres Klammernpaar übergeben. Die Anzahl der Klammernpaare, ob leer oder nicht, muß aber mit der Anzahl der Argumente übereinstimmen.

8.3 Überschreiben von Anweisungen

Manchmal ist es sinnvoll oder auch nötig bereits existierende Befehle zu überschreiben, d.h. mit einer eigenen Definition zu versehen. Auch dafür stellt LaTeX einen Befehl zur Verfügung. Die Syntax ist die gleiche wie beim \newcommand-Befehl:

```
\renewcommand{\name}[arg]{definition}
```

Die drei Parameter haben dabei eine ähnliche Bedeutung wie in der Anweisung \newcommand:

name ist der Name des Kommandos, mit dem es in der Eingabe aufgerufen wird. Der Name *muß* definiert sein (d.h. entweder vom Benutzer oder intern bei TeX/LaTeX).

arg ist eine ganze Zahl zwischen 1 und 9, die die Anzahl der möglichen Argumente des Kommandos angibt. Entfällt die Option, so darf das neue Kommando keine Argumente haben.

definition ist die Eingabe, die bei jedem Aufruf des Kommandos eingesetzt wird. Ist die Option **arg** angeben worden, so wird die Angabe #n durch das n-te Argument beim Aufruf ersetzt.

Beispiele:

```
\renewcommand{\em}{\bf}
{\em Eine Hervorhebung erreiche ich durch \verb|\em|.}
```

wird in der Ausgabe zu:

Eine Hervorhebung erreiche ich durch \em.

Bei diesem Beispiel muß man aber beachten, daß gleichzeitig mit der anderen Schriftwahl auch der Mechanismus des automatischen Zurückschaltens in die vorherige Schriftart wegfällt, wenn man erneut \em aufruft. Die komplette bisher geltende Definition der Anweisung \em ginge mit der oben gemachten Neudefinition verloren.

Manchmal ist das Überschreiben von Voreinstellungen, die im Original-LaTeX gelten aber nur über \renewcommand möglich.

Das gilt vor allem für die Angaben bei \baselinestretch und
\arraystretch, die einen Multiplikator darstellen, mit dem LaTeX
den Zeilenabstand in normalem Text bzw. innerhalb von Tabellen berechnet. Voreinstellung ist bei beiden 1. Will man aber z.B.
1 1/2-fachen Zeilenabstand, so kann man das folgendermaßen machen:

```
\renewcommand{\baselinestretch}{1.5}
\normalsize\small
Es gibt Dokumente, die einen gr"o"seren Zeilenabstand
erfordern, z.B.\ Diplomarbeiten. Daf"ur kann man den
Abstand im Vorspann ver"andern. Macht man diese "Anderung
nach \verb+\begin{document}+, so mu"s man zum Aktivieren
eine Schriftgr"o"senumschaltung vornehmen.
```

Diese Eingabe erzeugt folgende Ausgabe:

Es gibt Dokumente, die einen größeren Zeilenabstand erfordern, z.B.

Diplomarbeiten. Dafür kann man den Abstand im Vorspann verändern.

Macht man diese Änderung nach \begin{document}, so muß man zum

Aktivieren eine Schriftgrößenumschaltung vornehmen.

8.4 Eigene Umgebungen

LaTeX bietet auch die Möglichkeit, eigene Umgebungen zu erzeugen. Die Syntax ist ähnlich wie bei den Befehlen \newcommand
und \renewcommand:

```
\newenvironment{name}[arg]{begdef}{enddef}
```

name   ist der Name der neuen Umgebung, mit dem sie in
          der Eingabe aufgerufen wird. Der Name *darf noch nir-
          gendwo* definiert sein (d.h. weder vom Benutzer noch
          intern bei TeX/LaTeX), weder als Umgebung noch als
          Kommando.

arg   ist eine ganze Zahl zwischen 1 und 9, die die Anzahl der
          möglichen Argumente einer Umgebung angibt. Entfällt
          die Option, so darf die neue Umgebung keine Argumen-
          te haben.

begdef   ist die Eingabe, die bei jedem Aufruf der neuen Um-
          gebung durch \begin{name} eingesetzt wird. Ist die
          Option arg angeben worden, so wird die Angabe #n
          durch das n-te Argument beim Aufruf ersetzt.

enddef   ist die Eingabe, die beim Ende der neuen Umgebung
          durch \end{name} eingesetzt wird.

Eine Anwendung für die Definition einer eigenen Umgebung ergibt sich aus einer Bemerkung, die unter dem Stichwort „Listen" zu finden ist: Hat man sich entschieden, die Form einer Liste selbst zu bestimmen, da man mit den mitgelieferten Listendefinitionen nichts anfangen kann, so hat man entweder die Möglichkeit, die eigene Definition durch \begin{list} immer wieder zu kopieren (recht mühsam) oder aber in eine eigene Umgebung einzuschließen und darüber aufzurufen:

Die Eingabe

```
\newenvironment{mylist}%
   {\begin{list}{$\bullet$}{%
       \setlength{\leftmargin}{5em}
       \setlength{\labelwidth}{4em}
       \setlength{\labelsep}{.5em}
       \setlength{\rightmargin}{\leftmargin}}}%
   {\end{list}}
\begin{mylist}
  \item Erster Punkt.
  \item Zweiter Punkt.
\end{mylist}
```

wird in der Ausgabe zu:

- Erster Punkt.
- Zweiter Punkt.

Ein Beispiel für eine eigene Umgebung mit variabler Stelle ist im folgenden beschrieben. Dabei ist zu beachten, daß die Schriftumschaltung, die über den Paramter beim Aufruf der Umgebung aktiviert wird, nicht extra begrenzt werden muß — sie steht bereits innerhalb einer eigenen Umgebung (zum Zeitpunkt ihrer Ausführung ist LaTeX innerhalb der center-Umgebung).

Die Eingabe

```
\newenvironment{Kasten}[1]%
  {\noindent\rule{\textwidth}{1pt}\begin{center}#1}%
  {\end{center}\noindent\rule{\textwidth}{1pt}}
\begin{Kasten}{\sl}
  Beispieltext f"ur eine eigene Umgebung.
\end{Kasten}
\begin{Kasten}{\bf}
  Diesmal mit einer anderen Schrift.
\end{Kasten}
```

wird in der Ausgabe zu:

Beispieltext für eine eigene Umgebung.

Diesmal mit einer anderen Schrift.

Bei der Abarbeitung eigener Umgebungen gilt für die Reihenfolge der Parameter der gleiche Grundsatz wie bei eigenen Anweisungen: der Inhalt des ersten Klammernpaares wird #1, der des zweiten #2 usw. zugeordnet.

8.5 Überschreiben von Umgebungen

Ebenso wie man bereits existierende Befehle überschreiben kann, ist es möglich, bereits vorhandene Umgebungen mit neuen Definitionen zu belegen. Die Syntax ist ähnlich wie bei \newcommand und \renewcommand:

> \renewenvironment{name}[arg]{begdef}{enddef}

name
: ist der Name einer bereits vorhandenen Umgebung, mit dem sie in der Eingabe aufgerufen wird. Der Name *muß* bereits definiert sein (entweder vom Benutzer oder intern bei TEX/LATEX).

arg
: ist eine ganze Zahl zwischen 1 und 9, die die Anzahl der möglichen Argumente der Umgebung angibt. Entfällt die Option, so darf die Umgebung keine Argumente haben.

begdef
: ist die Eingabe, die bei jedem Aufruf der Umgebung durch \begin{name} eingesetzt wird. Ist die Option arg angeben worden, so wird die Angabe #n durch das n-te Argument beim Aufruf ersetzt.

enddef
: ist die Eingabe, die am Ende der Umgebung durch \end{name} eingesetzt wird.

Aber:

> *Use* \renewenvironment *only when you know what you're doing; don't try redefining an environment that you don't know about.*

aus: L. Lamport

Kapitel 9

Arbeiten mit mehreren Dateien

Bei der Verarbeitung größerer Dokumente (alles über ca. 10 Ausgabeseiten hinaus) wird eine LaTeX-Eingabe leicht unübersichtlich. Auch die Fehlersuche kann zum zeitraubenden Hürdenlauf werden.

Um sinnvoll mit solchen Texten arbeiten zu können, teilt man die Eingabe in Eingabe-, Makro- und Steuerdateien auf. Die Eingabedateien können z.B. so gegliedert werden, daß pro Kapitel oder Unterkapitel eine Datei angelegt wird. In der Makrodatei stehen die eigenen Befehle, Maße und Layout-Definitionen. In der Steuerdatei sind die Informationen enthalten, die LaTeX für einen Durchlauf benötigt. Also zumindest die Befehle `\documentstyle`, `\begin{document}` und `\end{document}`. Zusätzlich stehen hier natürlich auch die Befehle zum Einbinden der anderen Dateien. Dazu benützt man entweder die Anweisung `\input` oder `\include`.

9.1 Arbeiten mit input

Die Anweisung

```
\input{dateiname}
```

ermöglicht es, an beliebiger Stelle einer Eingabe eine weitere Datei einzubinden. LaTeX liest, wenn es auf diesen Befehl trifft, die mit `dateiname` angegebene Datei und arbeitet diese Eingabe bis ans Ende ab. Danach liest LaTeX wieder die vorhergehende Datei, die den Befehl `\input` enthält, und fährt mit der Bearbeitung hinter der schließenden Klammer fort.

Die Hilfsdateien, die LaTeX bei einem Durchlauf erzeugt, erhalten den Namen der Steuerdatei. Innerhalb einer durch `\input` eingebundenen Datei können weitere `\input`-Anweisungen vorkommen. Beim Arbeiten mit \input dürfen die Dateien beliebige Namen und vor allem Erweiterungen haben (z.B. makros.ltx).[1]

Die Eingabe für eine Steuerdatei job.tex kann z.B. folgendermaßen aussehen:

```
\documentstyle[12pt,german]{report}
  \input{def}
\begin{document}
  \tableofcontents
  \input{kap1}
  \input{kap2}
\end{document}
```

Die Eingabe für die Datei def.tex kann Seitenmaße, eigene Definitionen, etc. enthalten:

```
\setlength{\textwidth}{16cm}
\setlength{\textheight}{26cm}
\addtolength{\topmargin}{-1cm}
\addtolength{\evensidemargin}{-1cm}

\newcommand{\dante}{DANTE, Deutschsprachige
                    Anwendervereinigung \TeX{} e.V.}
\newcommand{\bn}{\bigskip\noindent}
```

Und in der Datei kap1.tex steht die eigentliche Eingabe für Kapitel 1:

```
\chapter{Beispiel f"ur input}

In diesem Kapitel soll die Arbeitsweise von \verb|\input|
erkl"art werden...
```

Der Aufruf von LaTeX lautet dann latex job (gesetzt den Fall, Ihr Programmaufruf für LaTeX lautet generell latex). LaTeX liest wie immer die verschiedenen Stylefiles ein (german, report, etc.) und kommt dann zur Anweisung \input{def}. Daraufhin sucht es in Ihrem Betriebssystem nach einer Datei namens def.tex. Findet es diese Datei, bearbeitet es deren Inhalt bis zum Ende und fährt dann bei \begin{document} fort.

Findet LaTeX die Datei nicht, unterbricht es den Durchlauf mit der Meldung „I can't find file ..." und wartet auf die Eingabe des richtigen Namens über die Tastatur. Ist man sich nicht sicher, wie die Datei tatsächlich heißt oder wo sie sich befindet, sollte eigentlich bei jedem TeX-System die Möglichkeit vorhanden sein, den Namen null einzugeben. Damit wird eine Datei geladen, die nichts weiter enthält als die Anweisung \relax, die keinerlei Formatierung bewirkt. Nun setzt LaTeX die Bearbeitung

---

[1] Man muß allerdings die Einschränkungen des Betriebssystems beachten.

normal fort. Gibt es nichts mehr zu bearbeiten und bleibt LaTeX mit einem Stern (*) stehen, kann man den Durchlauf beenden, indem man den Text \end{document} über die Tastatur eintippt.

9.2 Arbeiten mit include

Das Arbeiten mit \input hat den Nachteil, daß bei jedem Durchlauf alle Zähler neu gesetzt werden. Das heißt, wenn man nur Teile eines ganzen Dokumentes bearbeiten läßt und den Rest auskommentiert, beginnt der Text immer mit Seite 1 und Überschriftsnummer 1. Anders bei \include — hier werden für jede Datei, die eingebunden wird, eigene .aux-Dateien geschrieben. Dadurch bleiben die Zähler erhalten.

Der Nachteil bei der Benutzung von \include ist, daß der Befehl nur nach \begin{document} gestattet ist. Außerdem dürfen \include-Dateien nicht geschachtelt werden:

```
\includeonly{dateiname1,dateiname2,...}
```

```
\include{dateiname}
```

\includeonly steht in der Präambel der Eingabe, also vor \begin{document}, und enthält die Liste der Dateinamen, die beim aktuellen Durchlauf bearbeitet werden sollen. Die einzelnen Dateinamen müssen *ohne* Leerzeichen durch Kommata getrennt sein.

\include steht nach \begin{document} und kennzeichnet *alle* Dateien, die das komplette Dokument ausmachen. Pro Datei muß ein eigener \include-Befehl vorhanden sein.

\include setzt zu Beginn die Anweisung \clearpage ab, d.h. die Ausgabe einer eingebundenen Datei beginnt immer mit einer neuen Seite.

Hier würde die Eingabe für eine Steuerdatei job.tex folgendermaßen aussehen:

```
\documentstyle[12pt,german]{report}

  \setlength{\textwidth}{16cm}
  \setlength{\textheight}{26cm}
  \addtolength{\topmargin}{-1cm}
  \addtolength{\evensidemargin}{-1cm}
```

```
\includeonly{kap1,kap2}

\begin{document}

  \tableofcontents
  \include{kap1}
  \include{kap2}
  \appendix
  \include{tabellen}

\end{document}
```

In der Datei `kap1.tex` steht wie bei \input die eigentliche Eingabe für Kapitel 1. Die Datei `tabellen.tex` wird bei diesem Beispiel nicht miteingebunden, da sie in der Liste von \includeonly{} fehlt.

```
\chapter{Beispiel f"ur include}

In diesem Kapitel soll die Arbeitsweise von \verb|\include|
erkl"art werden...
```

In beiden Fällen dürfen nur in der Steuerdatei die Anweisungen \documentstyle und \begin{document} vorkommen. Steht \end{document} in einer eingebundenen Datei, wird der Durchlauf an dieser Stelle beendet.

Beim Arbeiten mit \include müssen die Eingabedateien die Erweiterung .tex haben. Diese Erweiterung darf nicht angegeben werden!

Literaturverzeichnis

[1] Helmut Kopka: LaTeX — *Eine Einführung*; Addison-Wesley Verlag (Deutschland), Bonn 1992, 4. Auflage.

Eine sehr ausführliche Dokumentation von LaTeX in deutscher Sprache.

[2] Helmut Kopka: LaTeX — *Erweiterungsmöglichkeiten*; Addison-Wesley Verlag (Deutschland), Bonn 1992, 3. Auflage.

Enthält zusätzliche Informationen für Spezialanwendungen.

[3] Leslie Lamport: LaTeX. *A Document Preparation System*; Addison-Wesley Publishing Company, 1986.

Ist die „Bibel" zu LaTeX.

[4] Norbert Schwarz: *Einführung in TeX*; Addison-Wesley Verlag (Deutschland), Bonn 1991, 3. Auflage.

Interessant für diejenigen, die die Interna von LaTeX verstehen wollen.

[5] Donald E. Knuth: *The TeXbook — A Document Preparation System*; Addison-Wesley Publishing Company, 1991.

Ist die „Bibel" zu TeX. Nur für echte Fans empfehlenswert.

Bezugsquellen

Die Anzahl derjenigen, die mit TEX, LATEX und allen verwandten
Produkten arbeiten, ist im Vergleich zu den Anwendern kommer-
zieller Textsatzsysteme nach wie vor verschwindend gering. Trotzdem gibt es eine sehr rege „TEX-Gemeinde" auf der ganzen Welt,
die sowohl über elektronische Netze als auch auf normalem Post-
wege in engem Kontakt steht. Die Grundidee von TEX, daß die
Software frei zur Verfügung steht, spiegelt sich auch in diesem Per-
sonenkreis wieder: das meiste, was zusätzlich entwickelt wird, ist
ebenfalls frei. Für nahezu jedes Betriebssystem und Ausgabegerät
gibt es mittlerweile eine TEX-Version bzw. Treiber. Viele Spezi-
alanforderungen wurden mithilfe zusätzlicher Stylefiles realisiert,
die manchmal einfach, manchmal schwieriger zu handhaben sind.

   Das eigentliche Problem besteht darin, daß Anfänger im allgemeinen keinen Zugang zu einer Programmversion oder zu einer
der Erweiterungen haben. Deshalb haben sich bereits seit einigen
Jahren verschiedene Benutzergruppen etabliert, deren Ziel es u.a.
ist, TEX-Software zu verteilen und zugänglich zu machen. Außerdem veranstalten diese Gruppen Tagungen, Treffen, publizieren
Fachzeitschriften, koordinieren Entwicklungen, unterstützen mit
Beratung, ...

A.1   Postadressen

Zwei (zum Zeitpunkt der Veröffentlichung gültige) Adressen von
solchen Gruppen, über die man auch andere Adressen erhalten
kann, sind:

DANTE
Deutschsprachige Anwendervereinigung TEX e.V.
Postfach 10 18 40
69008 Heidelberg
Deutschland

Tel.: +41/6221/29766
Fax: +41/6221/167906
email: `dante@dante.de`

TEX Users Group
P.O. Box 869
Santa Barbara, CA 93 102
U.S.A.

Tel.: +1/805/9631338
Fax: +1/805/9638358
email: `tug@tug.org`

A.2 Netzadressen

Hat man Zugang zu einem elektronischen Netz und kann darüber
„email" verschicken oder per „ftp" Daten transferieren, stehen die
Möglichkeiten des Software- bzw. Mailservers von DANTE e.V.
zur Verfügung:

Entweder mail an

`ftpmail@dante.de`

in der man über den Begriff `help` eine erste Hilfsinfor-
mation anfordert oder ftp nach

`ftp.dante.de`

Dahinter versteckt sich eine Unix-Maschine, bei der
man sich als Benutzer `anonymous` oder `ftp` anmel-
den kann. Kennwort ist die eigene Benutzerkennung.
Die für TEX interessante Software steht im Verzeichnis
`tex-archive`, in das man mittels `cd` wechseln kann.
Über `dir` kann man sich den Inhalt des Verzeichnis-
ses anzeigen lassen. Im Verzeichnis `help` finden sich
weitere Informationen zu dem Server.

Auch bei diesen Adressen gilt das gleiche wie oben: sie sind zum
Zeitpunkt der Niederschrift dieses Textes gültig. Das kann sich
aber innerhalb von Wochen ändern. Die Adressen der Benutzergruppen sollten länger Gültigkeit haben.

german.sty

Das folgende ist ein Auszug aus der Datei `germdoc.tex`, die bei
der Verteilung von `german.sty`/`tex` (in diesem Fall Version 2.4a)
mitgeliefert werden sollte.

B.1   Anpassung an die deutsche Sprache

Beim 6. Treffen der deutschen TEX-Interessenten in Münster (Oktober 1987) wurde Einigung über ein „Minimal Subset von einheitlichen deutschen TEX-Befehlen" erzielt. Diese steht seitdem an allen Installationen von TEX und LATEX durch die Style-Option „german" zur Verfügung und soll für deutschsprachige Texte verwendet werden. Damit wird erreicht, daß alle TEX- und LATEX-Dokumente, die diese Befehle enthalten, problemlos von einem Rechner zum anderen übertragen werden können.

B.2   Anwendung

Der in Münster festgelegte Befehlssatz umfaßt die folgenden Befehle:

- `"a` als Abkürzung für `\"a` (Umlaute, wie ä) – auch für alle anderen Vokale,

- `"s` als Abkürzung für `\ss` (scharfes s: ß), `"S` ergibt „SS",

- `"ck` für „ck", das als „k-k" getrennt wird,

- `"ff` für „ff", das als „ff-f" getrennt wird – auch für die anderen relevanten Konsonanten l, m, n, p und t,

- `"'` oder `\glqq` für untere und `"'` oder `\grqq` für obere „deutsche Anführungszeichen" („Gänsefüßchen"),

- \glq für untere und \grq für obere ‚einfache Anführungszeichen‘,

- "< oder \flqq für linke und "> oder \frqq für rechte «französische Anführungszeichen» («guillemets»),

- \flq für linke und \frq für rechte <einfache französische[1] Anführungszeichen>,

- "| zur Verhinderung von Ligaturen,

- "- für eine Silbentrennstelle ähnlich wie bei \-, bei der aber die automatische Silbentrennung vor und nach dieser Trennstelle erhalten bleibt,

- "" für eine analoge Trennstelle, bei der aber im Fall der Trennung kein Bindestrich hinzugefügt wird,

- \dq zum Ausdrucken des Doublequote-Zeichens ("),

- \selectlanguage{n} zum Umschalten zwischen deutschen, österreichischen, englischen, amerikanischen und französischen Datumsangaben und Überschriften. Für n ist dabei einer der folgenden Namen zu verwenden: **german**, **austrian**, **english**, **USenglish** oder **french**,

- \originalTeX zum Zurückschalten auf Original-TeX bzw. -LaTeX,

- \germanTeX zum Wiedereinschalten der deutschen TeX-Befehle.

Die Befehle für Umlaute, scharfes s und zur Einfügung einer zusätzlichen Trennstelle sind so definiert, daß auch in Silben *vor* und *nach* dem Befehl die automatische Silbentrennung funktioniert. Dabei kann TeX jedoch nicht mehr alle oder auch falsche Trennstellen finden (Beispiel: **übert-ra-gen**).

Außerdem findet kein *Kerning* zwischen den Anführungszeichen und den anderen Zeichen statt, d.h. bei einigen Buchstaben/ Anführungszeichen-Kombinationen treten zu große bzw. zu kleine Abstände auf. (Beispiel: „V statt „V)

Achtung! Für "x-Befehle, die mit keiner Bedeutung belegt sind, erzeugt **german.sty** eine Fehlermeldung, um auf eine fehlerhafte Eingabe hinzuweisen. Zum Ausdrucken eines Doublequote-Zeichens sollte man besser \dq, \verb+"+ oder die ' '-Ligatur verwenden.[2]

---

[1] Diese Anführungszeichen werden in französischen Texten nicht benutzt. Sie werden in deutschsprachigen Texten für eine *Anführung in einer Anführung* verwendet.

[2] Aus Kompatibilitätsgründen wird auch noch "{} unterstützt.

Beispiele:

```
F"ohn                ~>   Föhn
Rei"sverschlu"s      ~>   Reißverschluß
STRA"SE              ~>   STRASSE
"'Hallo!"'           ~>   „Hallo!“
"<Bon jour!">        ~>   «Bon jour!»
lo"cker              ~>   locker bzw. lok-ker
Schi"ffahrt          ~>   Schiffahrt bzw. Schiff-fahrt
Auf"|lage            ~>   Auflage (statt Auflage)
```

Standardschriften und Akzente

C.1 Standardschriften

CMBSY10	CMBX10	CMBX12	CMBX5	CMBX6
CMBX7	CMBX8	CMBX9	CMCSC10	CMDUNH10
CMEX10	CMMI10	CMMI12	CMMI5	CMMI6
CMMI7	CMMI8	CMMI9	CMMIB10	CMR10
CMR12	CMR17	CMR5	CMR6	CMR7
CMR8	CMR9	CMSL10	CMSL12	CMSL8
CMSL9	CMSLTT10	CMSS10	CMSS12	CMSS8
CMSS9	CMSSBX10	CMSSI10	CMSSQ8	CMSSQI8
CMSY10	CMSY5	CMSY6	CMSY7	CMSY8
CMSY9	CMTI10	CMTI12	CMTI7	CMTI8
CMTI9	CMTT10	CMTT12	CMTT8	CMTT9
CMU10	ICMCSC10	ICMEX10	ICMMI8	ICMSY8
ICMTT8	ILASY8	ILCMSS8	ILCMSSB8	ILCMSSI8
LASY10	LASY5	LASY6	LASY7	LASY8
LASY9	LASYB10	LCIRCE10	LCIRCW10	LCMSS8
LCMSSB8	LCMSSI8	LINE10	LINEW10	MANFNT
CMB10	CMBXSL10	CMBXTI10	CMEX9	CMFF10
CMFI10	CMFIB8	CMINCH	CMITT10	CMSS17
CMSSDC10	CMSSI12	CMSSI17	CMSSI8	CMSSI9
CMTCSC10	CMTEX10	CMTEX8	CMTEX9	CMVTT10

C.2 Akzente

\'{z}	$\rightsquigarrow$	ż	\'{z}	$\rightsquigarrow$	ź
\^{z}	$\rightsquigarrow$	ẑ	\~{z}	$\rightsquigarrow$	z̃
\={z}	$\rightsquigarrow$	z̄	\.{z}	$\rightsquigarrow$	ż
\u{z}	$\rightsquigarrow$	z̆	\v{z}	$\rightsquigarrow$	ž
\H{z}	$\rightsquigarrow$	z̋	\"{z}	$\rightsquigarrow$	z̈
\c{z}	$\rightsquigarrow$	z̧	\d{z}	$\rightsquigarrow$	ẓ
\b{z}	$\rightsquigarrow$	z̲	\t{zz}	$\rightsquigarrow$	ẑz

C.3   Sonderzeichen

\oe	⤳	œ	\OE	⤳	Œ
\ae	⤳	æ	\AE	⤳	Æ
\aa	⤳	å	\AA	⤳	Å
\o	⤳	ø	\O	⤳	Ø
\l	⤳	ł	\L	⤳	Ł
\i	⤳	ı	\j	⤳	ȷ
!`	⤳	¡	?`	⤳	¿
\S	⤳	§	\P	⤳	¶
\dag	⤳	†	\ddag	⤳	‡
\copyright	⤳	©	\pounds	⤳	£

Längen und Zähler

D.1   Vorhandene Längen

`\arraycolsep`	Halber Abstand zwischen zwei Spalten einer Matrix
`\arrayrulewidth`	Breite der Linien einer Matrix bzw. einer Tabelle
`\columnsep`	Abstand zwischen zwei Textspalten
`\columnseprule`	Breite der Linie zwischen zwei Textspalten
`\columnwidth`	Breite einer Textspalte
`\dblfloatsep`	Abstand zwischen zwei Gleitumgebungen bei zweispaltigem Satz
`\dbltextfloatsep`	Abstand zwischen Text und Gleitumgebungen bei zweispaltigem Satz
`\doublerulesep`	Abstand zwischen zwei aufeinanderfolgenden Linien einer Matrix bzw. einer Tabelle
`\evensidemargin`	Linker Rand einer Seite mit geradzahliger Seitennummer
`\fboxrule`	Breite der Linien einer gerahmten Box
`\fboxsep`	Abstand zwischen zwei geschachtelten Boxen
`\floatsep`	Abstand zwischen zwei aufeinanderfolgenden Gleitumgebungen
`\footheight`	Höhe der Fußzeile
`\footnotesep`	Abstand zwischen zwei aufeinanderfolgenden Fußnoten

`\footskip`	Abstand zwischen dem unteren Rand der letzten Textzeile zum unteren Rand der Fußzeile
`\headheight`	Höhe der Kopfzeile
`\headsep`	Abstand zwischen Kopfzeile und Text
`\itemindent`	Einrückung vor der Markierung eines `\item`
`\itemsep`	Abstand zwischen zwei aufeinanderfolgenden Listeneinträgen
`\labelsep`	Abstand zwischen dem Ende der Markierungs-Box eines `\item` und dem folgenden Text
`\labelwidth`	Breite der Box, die den Inhalt eines `\item` enthält
`\leftmargin`	Abstand zwischen dem linken Rand der äußeren Umgebung und der aktuellen
`\linewidth`	Breite der aktuellen Zeile
`\listparindent`	Zusätzliche Einrückung bei jedem Absatz eines Listeneintrags
`\marginparpush`	Kleinster Abstand zwischen zwei aufeinanderfolgenden Randnoten
`\marginparsep`	Abstand zwischen Randnote und Text
`\marginparwidth`	Breite der Randnoten
`\oddsidemargin`	Linker Rand einer Seite mit ungeradzahliger Nummer
`\parsep`	Abstand zwischen zwei Absätzen eines Listeneintrags
`\partopsep`	Zusätzlicher Abstand, der zu `\topsep` hinzugefügt wird, wenn mit einer Liste ein neuer Absatz anfängt
`\rightmargin`	Analogon zu `\leftmargin`
`\tabbingsep`	Abstand zwischen dem nach links gerückten Text und dem eigentlichen Spalteneintrag bei Verwendung von `\'`
`\tabcolsep`	Halber Abstand zwischen zwei Spalten einer Tabelle

\textfloatsep	Abstand zwischen der letzten Gleitumgebung am Kopf bzw. der ersten Gleitumgebung am Fuß einer Seite und dem Text
\textheight	Höhe des Textes
\textwidth	Breite des Textes
\topmargin	Zusätzlicher Abstand am Kopf einer Seite
\topsep	Abstand zwischen vorangehendem Text und einer Liste
\unitlength	Maßeinheit bei der Umgebung picture

D.2 Vorhandene Zähler

```
part
chapter
section
subsection        } für Überschriften
subsubsection
paragraph
subparagraph
```

```
enumi
enumii      } für Listen
enumiii
enumiv
```

```
page        für Seiten
footnote    für Fußnoten
mpfootnote  für Fußnoten in einer minipage
figure      für Abbildungen
table       für Gleittabellen
equation    für Gleichungen
```

Aufbau von Listen und Seiten

.1 Listen

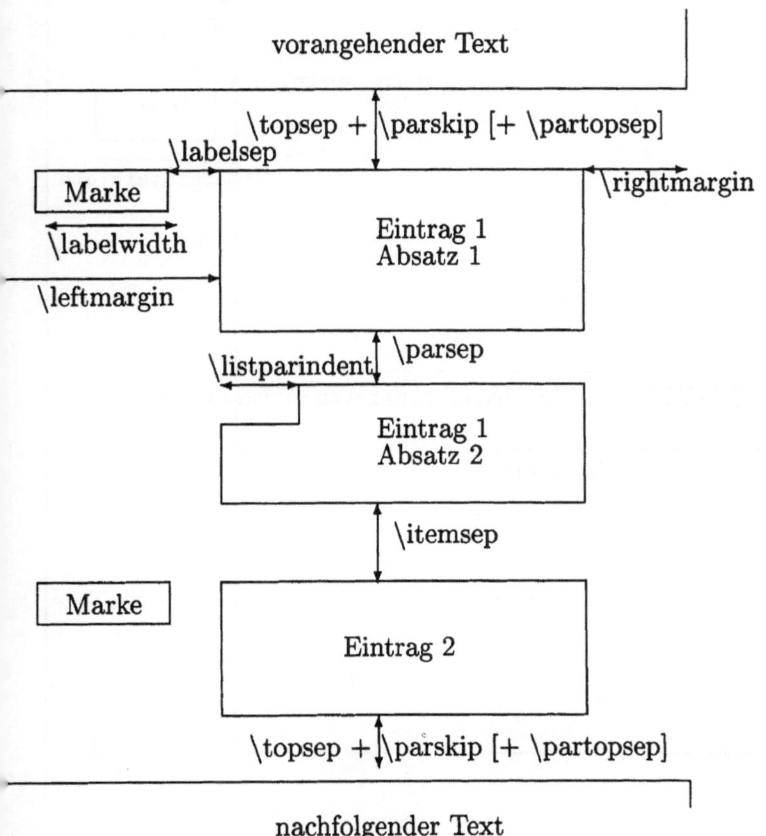

E.2 Seiten

\voffset
\hoffset
\topmargin
\headheight
\oddsidemargin
Page Header
\marginparsep
Margin note A
\marginparpush
Margin note B
\marginparwidth
\textheight→
Page Text
A line of text...
Next line of text...
\baselinestretch×\baselineskip
\textwidth

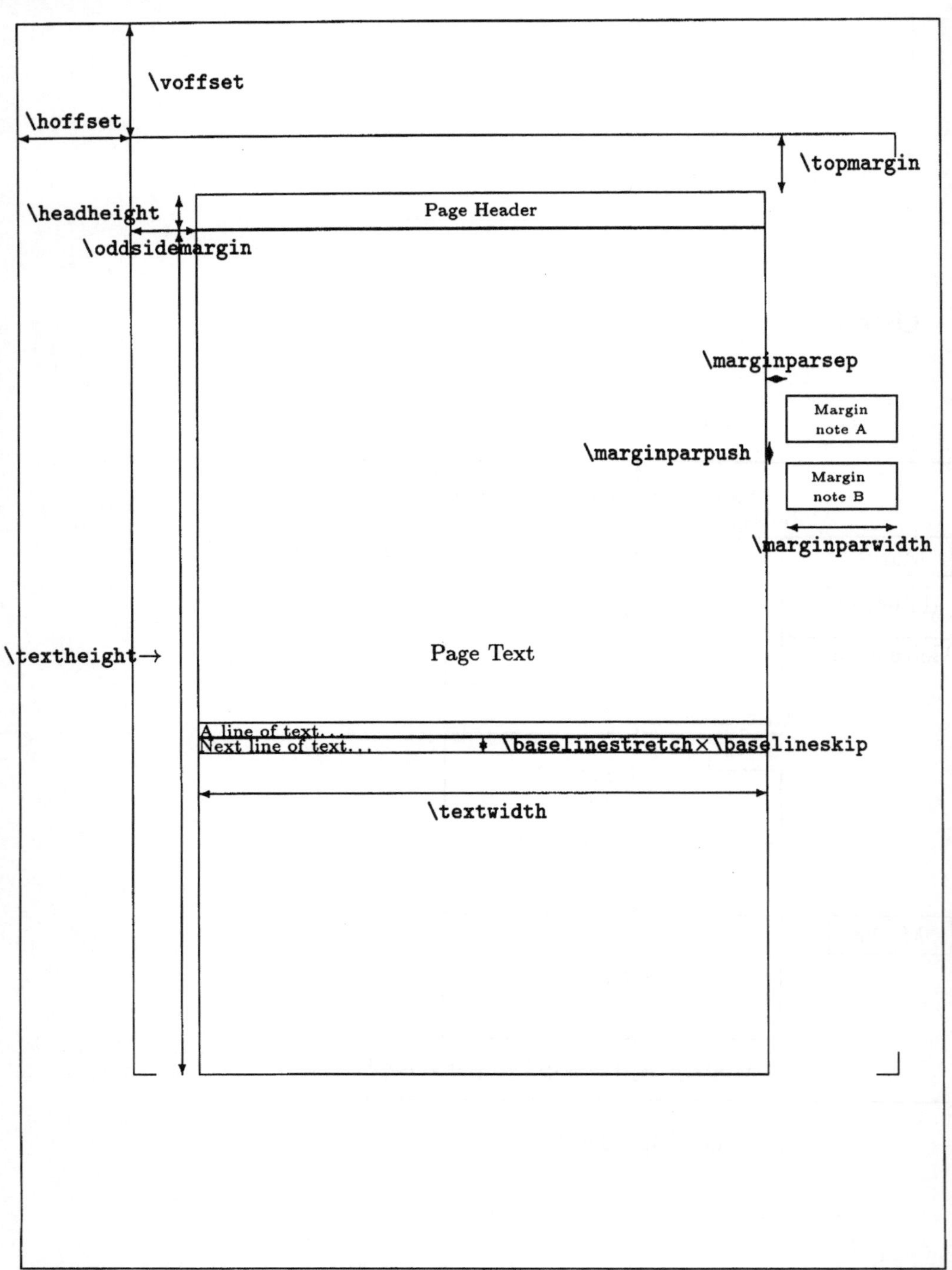

Mathematische Sonderzeichen

F.1 Operatoren

F.1.1 „Große" Operatoren

$\sum$	\sum	$\bigcap$	\bigcap	$\bigodot$	\bigodot
$\prod$	\prod	$\bigcup$	\bigcup	$\bigotimes$	\bigotimes
$\coprod$	\coprod	$\bigsqcup$	\bigsqcup	$\bigoplus$	\bigoplus
$\int$	\int	$\bigvee$	\bigvee	$\biguplus$	\biguplus
$\oint$	\oint	$\bigwedge$	\bigwedge		

F.1.2 Binäre Operatoren

$+$	+	$-$	-		
$\pm$	\pm	$\cap$	\cap	$\vee$	\vee
$\mp$	\mp	$\cup$	\cup	$\wedge$	\wedge
$\setminus$	\setminus	$\uplus$	\uplus	$\oplus$	\oplus
$\cdot$	\cdot	$\sqcap$	\sqcap	$\ominus$	\ominus
$\times$	\times	$\sqcup$	\sqcup	$\otimes$	\otimes
$\ast$	\ast	$\triangleleft$	\triangleleft	$\oslash$	\oslash
$\star$	\star	$\triangleright$	\triangleright	$\odot$	\odot
$\diamond$	\diamond	$\wr$	\wr	$\dagger$	\dagger
$\circ$	\circ	$\bigcirc$	\bigcirc	$\ddagger$	\ddagger
$\bullet$	\bullet	$\bigtriangleup$	\bigtriangleup	$\amalg$	\amalg
$\div$	\div	$\bigtriangledown$	\bigtriangledown		

F.1.3 Relationen

<	`<`	>	`>`	=	`=`
≤	`\leq`	≥	`\geq`	≡	`\equiv`
≺	`\prec`	≻	`\succ`	∼	`\sim`
≼	`\preceq`	≽	`\succeq`	≃	`\simeq`
≪	`\ll`	≫	`\gg`	≍	`\asymp`
⊂	`\subset`	⊃	`\supset`	≈	`\approx`
⊆	`\subseteq`	⊇	`\supseteq`	≅	`\cong`
⊑	`\sqsubseteq`	⊒	`\sqsupseteq`	⋈	`\bowtie`
∈	`\in`	∋	`\ni`	∝	`\propto`
⊢	`\vdash`	⊣	`\dashv`	⊨	`\models`
⌣	`\smile`	|	`\mid`	≐	`\doteq`
⌢	`\frown`	‖	`\parallel`	⊥	`\perp`

F.1.4 Negationen

≮	`\not<`	≯	`\not>`	≠	`\not=`
≰	`\not\leq`	≱	`\not\geq`	≢	`\not\equiv`
⊀	`\not\prec`	⊁	`\not\succ`	≁	`\not\sim`
⋠	`\not\preceq`	⋡	`\not\succeq`	≄	`\not\simeq`
⊄	`\not\subset`	⊅	`\not\supset`	≉	`\not\approx`
⊈	`\not\subseteq`	⊉	`\not\supseteq`	≇	`\not\cong`
⋢	`\not\sqsubseteq`	⋣	`\not\sqsupseteq`	≭	`\not\asymp`

F.1.5 Synonyme

Für manche Symbole stehen mehrere verschiedene Befehle zur
Verfügung.

≠	`\ne` oder `\neq`	oder	`\not=`
≤	`\le`	oder	`\leq`
≥	`\ge`	oder	`\geq`
{	`\{`	oder	`\lbrace`
}	`\}`	oder	`\rbrace`
→	`\to`	oder	`\rightarrow`
←	`\gets`	oder	`\leftarrow`
∋	`\owns`	oder	`\ni`
∧	`\land`	oder	`\wedge`
∨	`\lor`	oder	`\vee`
¬	`\lnot`	oder	`\neg`

| \vert   oder |

\| \Vert   oder   \|

F.2 Symbole und Akzente

F.2.1 Griechische Buchstaben

α	\alpha	ι	\iota	ϱ	\varrho
β	\beta	κ	\kappa	σ	\sigma
γ	\gamma	λ	\lambda	ς	\varsigma
δ	\delta	μ	\mu	τ	\tau
ϵ	\epsilon	ν	\nu	υ	\upsilon
ε	\varepsilon	ξ	\xi	ϕ	\phi
ζ	\zeta	o	o	φ	\varphi
η	\eta	π	\pi	χ	\chi
θ	\theta	ϖ	\varpi	ψ	\psi
ϑ	\vartheta	ρ	\rho	ω	\omega

Γ	\Gamma	Ξ	\Xi	Φ	\Phi
Δ	\Delta	Π	\Pi	Ψ	\Psi
Θ	\Theta	Σ	\Sigma	Ω	\Omega
Λ	\Lambda	Υ	\Upsilon		

F.2.2 Mathematische Akzente

$\hat{a}$	\hat{a}	$\check{a}$	\check{a}	$\tilde{a}$	\tilde{a}
$\acute{a}$	\acute{a}	$\grave{a}$	\grave{a}	$\dot{a}$	\dot{a}
$\ddot{a}$	\ddot{a}	$\breve{a}$	\breve{a}	$\bar{a}$	\bar{a}
$\vec{a}$	\vec{a}				

F.2.3 Funktionsnamen

\arccos	\arcsin	\arctan	\arg	\cos	\cosh
\cot	\coth	\csc	\deg	\det	\dim
\exp	\gcd	\hom	\inf	\ker	\lg
\lim	\liminf	\limsup	\ln	\log	\max
\min	\Pr	\sec	\sin	\sinh	\sup

\tan   \tanh   \bmod   \pmod{arg}

F.2.4   Verschiedene sonstige Symbole

$\aleph$	\aleph	$\prime$	\prime	$\forall$	\forall
$\hbar$	\hbar	$\emptyset$	\emptyset	$\exists$	\exists
$\imath$	\imath	∇	\nabla	$\neg$	\neg
$\jmath$	\jmath	$\surd$	\surd	$\flat$	\flat
ℓ	\ell	$\top$	\top	$\natural$	\natural
$\wp$	\wp	$\bot$	\bot	$\sharp$	\sharp
$\Re$	\Re	$\|$	|	$\clubsuit$	\clubsuit
$\Im$	\Im	$\angle$	\angle	$\diamondsuit$	\diamondsuit
∂	\partial	$\triangle$	\triangle	$\heartsuit$	\heartsuit
∞	\infty	$\backslash$	\backslash	$\spadesuit$	\spadesuit

F.2.5   Nicht-mathematische Symbole

Die folgenden Symbole sind im Textmodus verfügbar:

§	\S	¶	\P
†	\dag	‡	\ddag

F.3   Abstände, Klammern, Pfeile

F.3.1   Abstände

	\!	negative thin space
	\,	thin space
	\:	medium space
	\;	thick space
	\␣	space
	\quad	quad
	\qquad	qquad

F.3.2   Pfeile

←	\leftarrow	⟵	\longleftarrow
⇐	\Leftarrow	⟸	\Longleftarrow

→	\rightarrow	⟶	\longrightarrow
⇒	\Rightarrow	⟹	\Longrightarrow
→	\leftrightarrow	⟷	\longleft...
⇒	\Leftrightarrow	⟺	\Longleft...
→	\mapsto	⟼	\longmapsto
↩	\hookleftarrow	↪	\hookrightarrow
↼	\leftharpoonup	⇀	\rightharpoonup
↽	\leftharpoondown	⇁	\rightharpoondown
⇌	\rightleftharpoons	↑	\uparrow
⇑	\Uparrow	↓	\downarrow
⇓	\Downarrow	↕	\updownarrow
⇕	\Updownarrow	↗	\nearrow
↘	\searrow	↙	\swarrow
↖	\nwarrow		

F.3.3 Klammern

(	\lbrack	[	[	{	\{
	\lbrack	⌊	\lfloor	⌈	\lceil
	\lbrace	⟨	\langle		

)		]	]	}	\}
	\rbrack	⌋	\rfloor	⌉	\rceil
	\rbrace	⟩	\rangle		

Index

Der folgende Index enthält alle Anweisungen, die in diesem Buch beschrieben wurden. Es ist keine Auflistung *aller* in LaTeX möglichen und vorhandenen Anweisungen. Hat eine Anweisung oder Umgebung optionale oder zwingende Parameter, ist dies durch leere Klammern angedeutet. Wie die Angaben selbst lauten, ist im Text nachzulesen.